乡村兽医知识实用手册

（村级动物防疫员兼用）

唐山市畜牧水产局　编

中国农业大学出版社
·北京·

图书在版编目(CIP)数据

乡村兽医知识实用手册/张玉果主编．—北京:中国农业大学出版社,2010.4

ISBN 978-7-81117-985-9

Ⅰ.①乡…　Ⅱ.①张…　Ⅲ.①兽医学-手册　Ⅳ.①S85-62

中国版本图书馆 CIP 数据核字(2010)第 046752 号

书　　名　乡村兽医知识实用手册
作　　者　唐山市畜牧水产局　编

策划编辑　赵　中　王笃利　　**责任编辑**　王笃利
封面设计　郑　川　　**责任校对**　陈　莹　王晓凤
出版发行　中国农业大学出版社
社　　址　北京市海淀区圆明园西路 2 号　　**邮政编码**　100193
电　　话　发行部 010-62818525,8625　　读者服务部 010-62732336
编辑部 010-62732617,2618　　出　版　部 010-62733440
网　　址　http://www.cau.edu.cn/caup　　**e-mail** cbsszs @ cau.edu.cn
经　　销　新华书店
印　　刷　北京时代华都印刷有限公司
版　　次　2010 年 4 月第 1 版　　2012 年 7 月第 5 次印刷
规　　格　850×1 168　　32 开本　　4.875 印张　　120 千字
定　　价　12.00 元

前 言

修订后的《中华人民共和国动物防疫法》(以下简称《动物防疫法》)做出了乡村兽医服务人员可以在乡村从事动物诊疗服务活动的规定。2008 年 11 月 4 日农业部第 8 次常务会议审议通过了《乡村兽医管理办法》,该办法已于 2009 年 1 月 1 日起施行。该办法的实施,为依法加强乡村兽医从业管理,提高乡村兽医业务素质和职业道德水平,保障乡村兽医合法权益,保护动物健康和公共卫生安全,全面推行乡村兽医登记制度奠定了基础。按照管理办法和农业部的部署,各级畜牧水产行政主管部门按照组织发动、资格初步审核、培训考试与考核、发放乡村兽医登记证四个步骤,对在乡村从事动物诊疗服务活动的兽医实施登记与管理工作。为确保乡村兽医人员登记和培训质量,我们组织具有理论和实践经验的专家,编写了《乡村兽医知识实用手册》。本书参照《动物防疫法》和农业部相关管理规定,从动物免疫基本知识、动物诊疗注意事项、消毒技术规范、兽药使用常识、动物检疫相关知识以及采样抽样技术规范和相关法规与规定七个方面,介绍了乡村兽医应知应会的基本知识,针对性和实用性较强,是乡村兽医从业和各级畜牧水产行政管理者、执法者学习的重要参考资料。

通过相关知识的学习与培训,使各级畜牧兽医行政管理者、执法者能够认真贯彻有关动物防疫法律法规和规定,履行好法定职责,切实做好动物防疫和畜产品质量安全工作。特别是通过学习,使乡村兽医人员不但能够认真履行有关动物防疫法规规定的义务,而且成为动物防疫相关法规的社会宣传员、义务监督员。通过全社会的共同努力,为有效防控动物疫病,促进养殖业发展,保护人体健康，依法构筑公共卫生安全的第一道防线做出我们应有的贡献。

借此机会，向从事动物疫病防控和畜产品质量安全工作的有关单位及个人致以崇高的敬意。

书中如有疏漏或者不妥之处，恳请广大读者指正，以便及时修订。

编　者

2009 年 12 月

目　录

第一章　重大动物疫病强制免疫知识

第一节　重大动物疫病的概念及病种

一、重大动物疫病的概念

重大动物疫病是指对人与动物危害严重，需要采取紧急、严厉的强制预防、控制、扑灭措施的动物疫病。

二、强制免疫的病种

目前，国家规定的强制免疫病种有高致病性禽流感、家畜口蹄疫、猪瘟、高致病性蓝耳病；省、市规定的强制免疫病种有牛、羊布鲁氏杆菌病和鸡新城疫、犬类的狂犬病。

第二节　强制免疫工作的几项要求

强制免疫的工作原则是：免疫接种过程中要确保人、畜安全，防止散毒，确保免疫效果。

一、人员安全

人员安全包括自身安全和他人安全。

(一)自身安全

一是要掌握一定的兽医知识和保定动物、免疫操作技能。必须掌握烈性传染病尤其是人畜共患病的临床诊断要点，如狂犬病、高致病性禽流感、口蹄疫、炭疽、布病等，以防在防疫工作中自身感染。二是要掌握自身防护要领。如免疫接种时要穿戴防护服、乳胶手套、口罩、眼镜、胶靴、帽子等，在实施人畜共患病活疫苗免疫时乳胶手套最为重要；在防疫狂犬病时除上述防护措施外，还必须要在畜主保定确实的情况下进行免疫注射，甚至应提前对自身进行该病的免疫接种。三是不得带病参加免疫工作，尤其是在感冒或手、臂皮肤有外伤的情况下，更不得直接从事免疫注射工作。四是掌握动物攻击人的前期征兆、主要的攻击方式和动物保定方法，重点是犬、牛、种猪，防止咬伤、踢伤、顶伤。五是要养成在防疫工作前后更换服装、消毒的良好卫生习惯。在防疫工作中或防疫工作后出现感冒或其他疾病症状要及时就医，并说明所参加的动物防疫工作情况。

（二）他人安全

主要是防疫辅助人员、畜主的安全。走家串户的防疫一是要注意散养犬的危害；二是动物保定一定要确实，猪可用套猪器，羊可用两腿夹住，牛、马属动物可用保定架或固定在较粗的树上；三是吸好疫苗的注射器注射前一定要针头朝下拿好，注射要稳、要快，免疫注射期间严禁打闹嬉戏，防止将疫苗注射到自身或保定人员身上。

（三）家畜安全

一是注意群体、个体检查，除紧急免疫外，非健康动物不得接种疫苗；二是保定要确实，方法要得当；三是注射部位要避开大血管和神经；四是注射器具、注射部位、所卡戴的耳标消毒要彻底；五是注苗后观察要仔细，要充分，对出现应激反应的家畜要及时救治。养殖场、养殖小区可连续注射，最后一头注射完毕后，在场（小区）内至少停留观察20分钟以上；在村内对散养家畜免疫注射时，到下一户用时不超过5分钟的可继续进行防疫，也就是说前面防疫过的动物一旦出现免疫反应，必须在10分钟内赶到现场。最后一头动物注射完毕后，在村内停留时间不得少于 20 分钟。

二、防止人为散毒

一是新进批次的疫苗要进行小区接种试验，避免疫苗中混有强毒而致传播疫病；二是免疫人员每进一户至少实施胶靴消毒，防止走村串户人为传播疫病；三是注射器具消毒、更换针头、废弃物处理要规范。

三、免疫确实

(1)总体要求："应免尽免，不留空当"，做到村不漏户(场)、户(场)不漏畜(禽)、畜(禽)不漏针、针不漏苗。

(2)免疫对象：只有临床健康的畜禽才可实施免疫，否则易产生免疫应激反应或诱发疫病。

(3)孕畜：妊娠母畜慎用疫苗，防止流产。要在配种前和产后及时补免。

(4)补免：重视新补栏、免疫检测不合格、接近或超过免疫保护期畜禽的及时补免，特别是将要淘汰或出栏畜禽的及时补免。

第三节　动物疫病免疫通用技术

一、疫苗保存条件合适

运输、储存疫苗前一定要详细查看疫苗保存使用说明书！一般情况下，灭活疫苗 2～8℃冷藏保存，严禁冷冻；活疫苗－20～－15℃保存。

二、免疫接种方法正确

按疫苗使用说明书选择免疫接种方法。

(1)饮水免疫:多用于禽类免疫,所用水不得含有消毒药,水温不得高于室温,饮水用量为正常量的1.2～1.5倍;疫苗剂量加至2～4倍;免疫前停水2～4小时;饮水器使用塑料或陶瓷器具,数量保证2/3禽群同时饮用;饮水时间控制在2小时内饮完。家畜用注射器连接1～1.5厘米乳胶管插入口腔注射或直接饮用(布鲁氏菌病口服疫苗)。

(2)点眼滴鼻:疫苗用蒸馏水或生理盐水稀释,用滴管在家禽眼鼻各滴入1滴(约0.05毫升),保证完全吸入;家畜用注射器连接1～1.5厘米乳胶管插入鼻孔1厘米左右,在其吸气时注射(伪狂犬病冻干苗)。

(3)刺种:每1 000羽份疫苗稀释于4～5毫升生理盐水中,使用钢笔尖或接种针在禽翅内侧无血管处接种。

(4)皮下注射:食指与拇指提起禽头颈部皮肤,注射器向禽背部方向注入疫苗。

(5)皮内注射:捏皱家畜皮肤,顺皱折插针注射(结核病检测、羊痘免疫)。

(6)肌肉注射:禽在胸部肌肉或腿外侧肌肉斜向插针,防止插入伤及心脏、肝脏、胸腔、坐骨神经;畜在颈侧或臀部肌肉经消毒后垂直插针,防止插入血管,猪还应防止注入脂肪层。

三、免疫接种注意事项

(1)疫苗检查:过期、无批号、破乳、失真空以及颜色异常、有沉淀、有异物、发霉、发臭、瓶塞松动、瓶身破裂等现象的疫苗坚决不用,仔细阅读使用说明书。

(2)疫苗预温:冷藏的灭活疫苗用前在室温(22～25℃)预温2小时,减少应激反应。

(3)疫苗稀释:最好用专用稀释液,无专用稀释液可选用灭菌生理盐水、蒸馏水或去离子水;饮水免疫可使用凉白开水或深井水，不可使用自来水。

(4)禁忌：活苗饮水免疫前后2～3天禁止饮用消毒药水、喷雾消毒动物，使用活菌苗免疫后1周内，不得使用抗菌类药物。

(5)注射要领：皮下或肌肉注射进针要稳，拔针要慢，防止打“飞针”。家畜注射部位要先消毒、后注射。

(6)注射针头选用：根据防疫动物种类准备足量的适宜长度的针头。一般防牛应用12～16号、长度为24毫米的针头；防猪用12～16号、长度为24～38毫米的针头；防羊用12号、长度为12毫米的针头；防禽用6～12号、长度为5～12毫米的针头。在注射疫苗前根据动物的大小、肥瘦程度适当调整针头的粗细和长度。肌肉注射以注射到机体肌肉层且所注疫苗液不流出为准；皮下注射在保证抽、注顺畅的情况下，针头越细越好；皮内注射一般使用4号的细短针头。

家畜一畜更换一次针头，家禽至少1散户或50只左右更换一次针头。

(7)消毒：疫苗瓶塞先用75%的酒精消毒，然后用无菌的针头抽液，瓶塞上应固定一个针头，只用它抽取疫苗，禁止使用注射过的针头再次抽取疫苗。吸出的疫苗液不得再回注于瓶内。

注射部位用70%～75%酒精或5%碘酊棉球擦净消毒，再用挤干的酒精棉擦干消毒部位。

卡标部位先剪毛、消毒，然后佩戴消毒的耳标。

(8)免疫剂量：疫苗免疫剂量要适中，过小起不到作用，过大易导致免疫麻痹。

(9)废弃物处理：废弃针头、疫苗、棉球等切忌乱扔，应集中焚烧或深埋处理，防止散毒或被动物误食。

(10)紧急免疫顺序：由受威胁区到疫区再到疫点。

(11)建立免疫档案：一场(户)免疫注射及耳标佩戴完成后，按免疫头数逐一填写免疫证(禽类每栋或每户一证)，发放给畜主保管；并在防疫档案中认真填写畜主姓名、畜种、存栏数量、防疫病种、防疫数量、未防原因、疫苗批号、耳标及免疫证号码、防疫日期、防疫人等有关信息，尤其是注明未防原因，以备补防时查考。

第四节 主要动物疫病免疫技术要点

一、高致病性禽流感

（一）疫苗选择

（1）H5N1 亚型 Re－1 株（1996 年广东鹅源株）：对 Re－5 株部分保护，现已被 Re－5 株所替代。适用于各种禽类。

（2）H5N1 亚型 Re－4 株（2006 年山西鸡源株）：对 Re－1 株部分保护。适用于各种禽类。

（3）H5N1 亚型 Re－4＋Re－5 株：可保护我国当前所有 H5 亚型禽流感流行株的侵袭。适用于各种禽类。

（4）H5N1 Re－4＋H9N2 Re－2（H5H9）：主要用于种鸡和蛋鸡。

（5）禽流感重组鸡痘病毒载体活疫苗：主要用于种鸡和蛋鸡，不适于水禽。

（6）禽流感新城疫重组二联活疫苗（rL－H5）：最适用于肉鸡，用于种鸡和蛋鸡应与灭活苗配合使用，暂不适用于水禽。

（二）免疫注意事项

（1）注重加强免疫：一是饲养周期短的肉鸡、肉鸭要进行 2 次免疫；二是首免后短期内（间隔 2～3 周）应尽快加强免疫 1 次。

（2）不可忽视存栏量少的水禽（鸭、鹅）、特禽（鹌鹑、鸽子、鸵鸟、鹧鸪等）的免疫。肉鸡出口企业不实施免疫需经批准。

（3）规范免疫操作：灭活苗使用 12 号针头，活疫苗使用 7 号针头。皮下注射在颈后部下 1/3 处，针头向下与皮肤呈 45°，防止过深注入肌肉引起肿头；胸部肌肉注射针头与胸骨呈45°，防止注射过深注入胸腔或腹腔，造成免疫无效或免疫死亡，腿部肌肉注射防止伤及坐骨神经，引起跛行或瘫痪。产蛋禽免疫接种后会造成产蛋下降，但一般不会超过1周。

二、口蹄疫

(一)几点重要知识

(1)潜伏感染或发病排毒：处于潜伏期(2～14天)的动物，几乎所有组织、器官、分泌物、排泄物等含有大量口蹄疫病毒，随乳汁、唾液、粪便、精液以及呼出气体排毒；猪、牛发病后排毒期一般为4～5天，出现水泡时达到排毒高峰，羊发病前1～2天达到排毒高峰，发病后持续排毒可达7天。牛持续带毒最长可达28天，排毒量最大，可达10亿国际单位(可使一头牛感染的病毒单位)；猪气源性排毒量最大，高出牛、羊千倍以上；羊排毒期最长可达21天。这正是迅速扑杀病畜和同群畜以及限制易感动物移动的依据所在。

(2)康复动物不能获得终身免疫；牛、羊与猪不可混养。

(二)免疫注意事项

(1)免疫保护期：实验室试验免疫保护期6个月，田间试验3～4个月。最好首免后短期内(4周)加强免疫1次，以后每间隔3～4个月免疫1次。

(2)免疫剂量：预防免疫正常剂量，紧急免疫剂量加倍。

(3)免疫反应：一般首免反应较大。正常反应2～3天自行消失；出现严重反应时皮下注射1%肾上腺素；超敏感(迅速死亡低于0.1%)和诱发潜伏期感染疫病，难以防范，非临床健康畜禁止免疫。

(4)免疫人员：不要手抓鼻中隔(鼻腔内可能含有病毒)来保定牛，以防通过手传播。参与疫情处理人员不得参加免疫注射工作。

(5)疫区、受威胁区易感动物：紧急免疫后至少隔离或限制移动15天，以防感染。

三、高致病性猪蓝耳病

(一)高致病性猪蓝耳病灭活苗

高致病性猪蓝耳病灭活苗免疫应答迟缓，需4周以上(才能有效保护，免疫前或免疫后4周内感染也会发病死亡)；理论保护力80%左右；母源抗体维持6～9周。经典蓝耳病疫苗与高致病性猪蓝耳病疫苗免疫交叉保护40%～50%。

(二)高致病性猪蓝耳病活疫苗

高致病性猪蓝耳病活疫苗免疫2～3周后产生免疫抗体，4周后采血用LSI PRRS Elisa试剂盒检测，抗体阳性率≥70%判为免疫合格(与猪免疫前PRRS抗体阳性率无关)，保护期暂时定为4个月。

(三)免疫注意事项

(1)使用灭活苗免疫时，饲养周期短的商品育肥猪，断奶(28～35日龄)初免后，间隔1个月必须加强免疫1次，确保出栏前得到有效免疫保护。

(2)能繁母猪在配种前必须再加强免疫1次，以确保妊娠期间和所产仔猪(较高母源抗体)得到有效免疫保护，产后及时补免1次。种公猪每隔4个月免疫1次。

(3)流行地区在高发季节(夏、冬)前可增加1次免疫。

(4)颈部肌肉注射，一是注意防止注入脂肪层，可选较长针头；二是防止注入血管(可回吸，应无回血)。

(四)控制措施

(1)鉴于经典蓝耳病带毒广泛，所有猪场均应免疫经典蓝耳病疫苗和高致病性蓝耳病疫苗。

(2)鉴于高致病性猪蓝耳病灭活苗免疫应答迟缓，疫苗接种前已处于潜伏期的猪只将提早发病，并且发病率、死亡率增加，因此不赞成发生疫情时使用灭活苗紧急免疫。

(3)蓝耳病影响免疫系统功能，易引起多种不同病原微生物继发、混合和多重感染，因此，一定要实验室确诊后再采取相应措施。

四、猪瘟

(一)流行新特点

(1)典型与非典型猪瘟并存：本病流行范围广，不间断散发，多发于新生仔猪，发病日龄日趋偏小，症状典型；成年猪隐性带毒和持续感染(亚临床感染，带毒并不断排毒)，症状不典型，带毒率高，可达3%～33%，带毒时间长，可达750天，也是最危险的传染源。

(2)亚临床感染造成猪瘟恶性循环：妊娠母猪带毒综合征(繁殖障碍型猪瘟)、仔猪胎盘感染(垂直传播)造成猪瘟恶性循环。即猪瘟亚临床感染→胎盘感染→母猪繁殖障碍→仔猪带毒→后备母猪→亚临床感染。母猪持续感染和仔猪胎盘感染是引起免疫失败的重要原因，持续感染的母猪所产仔猪多为先天免疫耐受猪。

(3)多混合感染或继发感染：多与猪蓝耳病、细小病毒病、链球菌病、巴氏杆菌病等病混合感染、继发感染。

(4)流行毒株：我国猪瘟流行野毒中基因Ⅰ群占26%，基因Ⅱ群占74%，基因Ⅲ群为0。疫苗株为基因Ⅱ群，对基因Ⅲ群完全保护。

(二)免疫注意事项

(1)由于母源抗体不能通过胎盘只能通过初乳传给仔猪，因此，妊娠母猪要在产前20～28天免疫1次。

(2)为防止母源抗体对主动免疫的干扰，实施超前免疫1小时后才可吃初乳；实施超前免疫，母猪产仔前2～3天和仔猪出生后3天内禁止使用抗病毒类药物和其他抗生素。

(3)加大免疫剂量。我国猪瘟疫苗毒价标准(150 RID/头份)

低于国际通用标准(欧洲 400 RID/头份、台湾 500 RID/头份),正常免疫剂量所产抗体水平不足以抵抗亚临床感染(疫苗免疫效果通常以防止临床感染为标准)。因此猪瘟免疫剂量细胞苗 4～8 头份,脾淋苗 2 头份。

五、新城疫

(一)流行新特点

新城疫病毒只有一个血清型,但至少有 9 个基因型,在我国近几年流行的主要是基因Ⅶ型的 D 亚型。高发期为育雏、育成、产蛋高峰期,与传染性法氏囊炎免疫以及机体抵抗力有关;发病日龄大大提前(1～13 日龄),与种鸡感染有关(可垂直传播);春季、秋季多发,与气候变化和空气湿度有关;出现免疫后发病现象,与免疫程序不科学有关;高抗体水平的鸡也可能发病,与 REV(禽网状内皮组织增殖病是肉种鸡发病的元凶)、IB(传支)、IBD(法氏囊病)、马立克氏病、J 亚群淋巴白血病等免疫抑制病有关。临床表现为神经型、速发型、产蛋下降型和缓发型;特征病变是气管出血,肠道淋巴结枣核样溃疡,盲肠扁桃体出血,产蛋鸡卵巢出血,而腺胃乳头不出血(禽流感病变)。另外,鸭、鹅等水禽不断有发病和流行的报道。

(二)疫苗种类及性能

活疫苗 Lasota 株中 C30、N79、C88 等克隆株,能很大程度上突破母源抗体干扰;灭活苗免疫产生的抗体水平高且整齐,无散毒危险,但注射部位吸收较慢。

(三)非典型新城疫的原因

一是免疫水平不整齐,遇强毒攻击;二是免疫空白期防护不当;三是免疫抗体水平低(雏鸡＜4Log2;蛋鸡＜9Log2);四是免疫方法不当。

(四)免疫注意事项

(1)1周龄以内的雏鸡无论使用何种苗都很难产生高的免疫抗体水平,极易受到野毒攻击,因此必须进行加强免疫,才能产生较高抗体水平。

(2)在目前自然界大量野毒存在、流行面广的情况下,尽量采取多频次、高强度免疫。1日龄雏鸡可用活苗和灭活苗同时免疫接种,效果较好。特别是在多发季节、多发阶段要加强免疫。

(3)种鸡严禁使用中等毒力的活疫苗,防止散毒和形成新的致病株。

(4)做好新城疫免疫的同时,应做好IB、IBD、马立克氏病等免疫抑制病的免疫和REV、J亚群淋巴白血病的净化工作。

(5)紧急免疫只对受威胁的鸡群和个体有效,对已被感染或已经发病的鸡无效,甚至激发疾病或加重症状。紧急免疫可用3倍量Lasota苗肌肉注射,种鸡可同时注射1倍量灭活苗。同时防止其他病毒病和细菌病的混合、继发感染。

(6)水禽是新城疫病毒的储备库,但耐受力较强,因此,不可与鸡混养。

六、人畜共患病

(一)狂犬病

1. 流行特点 犬感染后潜伏期长短不一,一般为2～8天;牛、羊感染平均潜伏期15天,平均发病期4天。

2. 免疫用苗 灭活苗是用石炭酸灭活的绵羊或山羊脑疫苗,主要是进口苗;活苗主要是中国药品生物制品鉴定所生产的传代细胞苗、长春生物制品研究所制备的活疫苗、解放军农牧大学和长春生物制品研究所分别制备的犬用口服疫苗。所有犬只每年免疫1次。

(二)炭疽病

1. 流行特点　地方性流行，多发于吸血昆虫多的季节和梅雨季节。

2. 免疫用苗　Ⅱ号炭疽芽孢苗适用于牛、羊、猪及马属动物，免疫24天后可产生坚强免疫力；无毒炭疽芽孢苗，对山羊反应强烈，禁用于山羊。3年内曾发生过疫情的乡镇易感畜每年免疫一次，发生疫情时，疫区、受威胁区易感畜进行一次紧急免疫。

(三)布鲁氏菌病

1. 流行特点　潜伏期短则半个月，长则半年甚至几年，多表现隐性带毒。

2. 免疫用苗　猪2号疫苗(S2株)，可用于牛、羊、猪等各种易感畜，口服可用于妊娠母畜；牛19号疫苗(S19株)，只适用于牛；羊5号疫苗(M5株)，可用于羊、牛。

(四)猪流行性乙型脑炎

1. 流行特点　本病又称日本脑炎。猪、马感染后多表现临床症状，患病动物是主要传染源，经蚊媒传播，流行于夏、秋季节，多发于7～9月份，呈高度散发性。

2. 免疫用苗　使用乙脑弱毒苗。流行地区在蚊虫开始活动前1个月重点对种猪实施免疫。

第二章　生物安全措施

第一节　生物安全概念

生物安全是指对病原微生物、转基因生物及其产品、外来有害微生物等生物体对人类、动植物、微生物和生态环境可能产生的潜在风险或现实危害的防范和控制。生物安全主要涉及以下几个方面的内容：

(1)防范生物恐怖。

(2)防止外来生物入侵。

(3)保障转基因生物体安全。

(4)病原微生物的控制,高等级实验室的建立和管理。

(5)生物治疗、干细胞、克隆技术等引发的生命伦理问题。

(6)动物免疫、采样和检测过程的生物安全。

(7)病原微生物的人为传播。

第二节　动物疫病诊疗过程中的生物安全隐患与措施

一、动物疫病诊疗过程中的生物安全隐患

1.人畜共患病　某些动物死于人畜共患病,比如炭疽、狂犬病、布病、结核病等,给诊疗人员带来生物安全隐患。

2.人为传播某些传染病　由于诊疗人员活动区域范围大,如

果没有严密的生物安全措施，极易成为传播媒介，造成某种传染病的大面积流行，带来不可估量的损失。

二、动物疫病诊疗过程中的生物安全措施

(一)个人防护

必须戴手套、口罩，穿容易清洗的胶鞋。怀疑为人畜共患病时还应做好全身的防护，包括头部、面部、躯体、足部等。

(二)入场(户)诊疗中的生物安全措施

为了更好地说明动物疫病诊疗过程中的生物安全措施，下面以乡镇动物防疫站技术人员入场(户)诊疗为例说明。

(1)到达诊疗地点后，首先简单地划分"清洁区"(包括养殖户生活住房、生活活动区域、养殖场住房、办公室和交通工具等)和"污染区"(发病畜、禽圈舍、活动场地等)，并告知畜(禽)主，采取一些措施以保证不会将"污染区"内病原体传到"清洁区"。在两区交界处放置消毒桶。

(2)在"清洁区"，穿戴上个人防护用具。如需做剖检必须戴上抗穿刺手套。在进入诊疗区域前，尽量考虑周全，减少往返次数，每次往返必须消毒胶靴、手套等。

(3)进入"污染区"进行诊疗活动。要注意动物的健康状况、所有病死动物及尸体的分布情况、需采样的动物所在位置。如需尸检，要选择一个对其他动物感染机会少且容易清洁和消毒的场地。尸检场地必须铺至少1层不漏的塑料布。

(4)操作完毕后，用合适的容器收集所有垃圾，所有的针头和解剖用具等必须放入带有消毒液的容器内，帮助或指导畜(禽)主将动物尸体装入密闭袋内，消毒袋子外面，然后将垃圾同尸体袋焚烧深埋处理。

(5)清洗手套、胶靴、衣服上的可见污染物(血迹和粪便等)。在两区交界处对衣服、设备和样品容器等进行消毒。所有的一次

性用品必须无害化处理。

(6)当所有的设备消毒完毕后,脱下最内层手套。交通工具消毒后离开。

第三节 疑似重大动物疫病处置时的生物安全隐患与措施

当发生或发现疑似重大动物疫病时,乡村兽医除按《中华人民共和国动物防疫法》和《重大动物疫病应急条例》等相关法律法规的规定及时上报外,还要对发生地点采取紧急应急措施,在上级部门到来前,保障人畜安全和疑似疫病不扩散。

一、疑似重大动物疫病处置时的乡村兽医生物安全隐患

(一)疫病没有定性,发生面积不明,给紧急隔离带来困难

对于突发事件,首先到达现场的就是乡村兽医,由于技术水平和手段较低,一般缺乏对突发事件的定性诊断能力,同时对某些疫病的发生、传播途径、流行特点等知识不明确,这就给最初的应急措施制定带来困难。

(二)养殖场户缺乏自我保护意识,极易造成疫病外传

目前,散养户和部分中、小养殖场,对重大动物疫病防控知识匮乏,往往发生后不能做到有效地隔离、消毒等,造成污染物和病死动物尸体外流,为疫情蔓延留下隐患。

同时,大部分养殖户包括一些乡村兽医人员对一些人畜共患病如炭疽、布病、结核病、禽流感等认识很高,但自我保护力较低,极易造成人员感染。

二、疑似重大动物疫病处置时的乡村兽医生物安全措施

乡村兽医在接到养殖场(户)报告或举报后,立即向上级主管

部门报告，同时赶赴现场，除做好最初流行病学调查外，还应注意以下几点：

(1)做好自身防护，同时指导养殖户做好防护，避免人畜共患病感染。

(2)采取有效的宣传措施，避免引起恐慌，同时要对疫情保密。

(3)做好发病地点的隔离，包括病死动物尸体、污染物、临床健康动物等不能流动，紧急消毒等。

(4)做好各项记录。

(5)上级专家到来后，要积极配合，主动向专家介绍情况，配合流行病学调查和采样等工作。

第四节　免疫及接种的生物安全隐患和措施

免疫接种是乡村兽医重要的职能，免疫质量的好坏直接影响免疫效果的高低，同时免疫接种过程中的生物安全又直接决定着免疫人员的自身安全和被免疫动物的免疫质量。本节主要介绍免疫接种过程中的生物安全隐患和措施。

一、免疫及接种的生物安全隐患

(1)免疫过程中，保定时一些大动物或面临发情的动物会主动攻击免疫人员和饲养员，如抓伤、咬伤、撞伤工作人员等。

(2)由于规模饲养程度越来越高，免疫效果逐渐提高，健康动物隐性带毒现象普遍，污染环境，工作人员可能不知不觉吸入污染的空气或因伤口感染疫病。

(3)每个养殖场户动物的免疫、抵抗力和饲养环境各不相同，有可能一个养殖场户动物存在病原体隐性感染，一旦免疫工作人员由于自身生物安全措施不到位，人为地将病原体带入另一个健康场(户)，可能引起动物疫病发病和流行。

(4)某些动物发病时，如犬类、奶牛狂犬病等，表现精神狂躁，攻击目标。还有的动物处在某种疫病潜伏期或不健康状态下，由于免疫人员的活动、免疫应激等，可能引起疫病的传播和流行。

(5)免疫过程中操作不当，引起交叉感染。

(6)免疫后废弃物，如剩余疫苗、空瓶、注射器(针头)等，有散毒风险。

二、免疫及接种的生物安全措施

(1)免疫人员必须是经过培训的兽医专业技术人员，未经培训的人员严禁进行免疫注射工作。

(2)熟练掌握动物流行病学传播流行与预防、生物制品的相关知识，熟练掌握各种动物的保定和各种疫苗的免疫技术。

(3)熟练掌握各种自身防护用具的使用。

(4)免疫人员必须身体健康，患有疾病时不能参与免疫工作。

(5)多数非病原体伤害都是由于相关人员未经过专业培训或粗心大意造成的，所以动物疫病防疫员必须经过培训，使其掌握一定的自身防护和动物疫病知识。培训内容包括：免疫过程的隔离消毒，免疫废弃物的无害化处理，免疫对象攻击性行为处理，重大动物疫病以及人畜共患病的传播特点以及防护措施，突发事件的处理以及个人卫生等。

三、规范操作

所有的生物安全是建立在接受过培训的人员认真履行安全准则的基础上。

(1)出入养殖场户必须更换隔离衣和手套，并做到门口消毒。要严格遵守养殖场户的隔离消毒措施，防止通过免疫人员人为地将病原体传播扩散。

(2)免疫注射前要首先观察被免疫动物的健康状况，防止被攻击和免疫质量不高，免疫副反应表现重等现象的发生。如果动物不健康则立即停止免疫。

(3)所用注射器和针头必须经过消毒处理，抽取疫苗的针头应固定，注射时做到一畜一针头或一栋禽舍一针头，以避免交叉感染。

(4)进行皮内注射或是危险免疫操作时(如结核菌素注射、布病疫苗口服操作等)，必须做好个人防护，如戴手套、口罩、护目镜等，必要时要对动物进行保定。

(5)免疫后废弃物，如一次性注射器、手套、口罩，用剩的疫苗、空瓶等要进行焚烧、深埋处理。

(6)免疫结束后，工作人员要更衣消毒，指导养殖场(户)对饲养环境进行清洁消毒处理。

第五节　样品采集、保存和运输过程中的生物安全隐患和措施

在日常免疫、监测、诊断过程中，动物试验和样品的采集、保存和运输是不可缺少的工作，如果在样品采集、保存和运输过程中出现麻痹大意，就有可能造成病原体的扩散，乃至发生重大安全事故。

一、样品采集、保存和运输过程中的生物安全隐患

(1)活体动物采样时的危险主要来自动物的攻击，另外还有采样时用具使用不当，如手术剪、手术刀等，刺伤(割伤)人员。

(2)隐性感染动物污染环境，病死动物携带病原体的复杂性、未知性，都对采样人员造成威胁。

(3)样品保存、运输过程中违规操作，致使样品外泄，造成安全事故。

二、样品采集、保存和运输过程中的生物安全措施

(一)样品采集中的生物安全措施

为了保护采样人员、养殖场户人员的自身安全,采集人员必须严格遵守操作技术规范,目前国家和相关部门已经出台了一系列国家标准和行业标准来规范各种工作活动。

(1)重大动物疫病未经相关部门允许,任何个人和单位不得采样。

(2)病死动物采样前,要确定排除炭疽感染后方可采样,否则严禁剖检。

(3)采样人员必须是兽医技术人员,具备动物传染病感染、传播流行与预防相关知识,熟练掌握各种动物保定技术和采样技术。

(4)协助人员必须经过技术培训后方可上岗。

(5)操作要规范。健康动物采样需遵守的规范与免疫一样,只是和动物的接触时间长、密切。病死动物采样时感染和扩散的风险更大,防护、操作应更严格。同时还要保障样品质量和生物安全。

(1)病死动物要在隔离区或实验室剖检、采样,采样后的动物尸体、废弃物等要进行焚烧和深埋处理。采样处要彻底清洁消毒。

(2)每采样一例后,要有专门人员进行记录,填写样品采样单。

(3)采样结束后采样人员要做好个人卫生消毒。对采样环境要清洁消毒。

(二)样品保存的生物安全措施

(1)样品分类:动物样品主要包括动物分泌物、血液、排泄物、组织、组织渗出液或病死小动物尸体等。农业部第503号公告《高致病性动物病原微生物菌(毒)种或样本运输包装规范》规定在此类物品包装上贴有相关标志。国际航空运输协会特别指出此类物品不包括感染的活体动物。

(2)样品的包装安全:包装要求要本着确保物品不打碎容器也不要漏到容器内、即使在容器打碎的情况下物品也不会漏出、贴标签三个原则。

包装基本要做到三层包装:

①第一层,为基础容器包装。如果是液体样品,必须放置于带盖的塑料容器内,原则是防水、防漏、防碎和密闭性好,一般使用不同规格的带盖离心管。外部要用不易擦掉的装置标明样品编号。盖一定要盖紧。

②第二层,是对第一层容器进行防水、防漏、坚固的容器。一般可使用专用的容器,比如离心管盒等。

③第三层,最外面的包装要相对坚固,防漏、防水、防碎,同时运输时还要考虑低温保存,一般用泡沫箱用胶带粘紧的方法。

(三)样品运输过程中的生物安全

(1)样品运输要经上级主管部门批准,符合有关规定,方可运输。

(2)样品运输过程中要遵守低温保存运输。运输容器要符合规定。

(3)应当不少于 2 人的专人护送,并采取防护措施。

(4)重大动物疫病样品需长途运输的,省内要经省级批准;跨省或运往国外的,省级初审后,要经农业部批准。

(5)发生被盗、被抢、丢失、泄漏的,立即采取控制措施,在 2 小时内向有关部门报告。

第三章 采 样

第一节 采样原则

一、采样的一般原则

(1)血液凝固不良、天然孔出血的病死畜,严禁剖检,先排除炭疽。

(2)采样应先从胸腔到腹腔,先实质器官,最后污染组织。

(3)病料必须有代表性,根据不同的检验目的,采集相应的病料。

(4)使用药物前采集。

(5)做好个人防护。

(6)防止污染环境。

二、采样时机

(一)组织病料

病初的发热期或症状典型时采样,病死动物立即采样。

(二)血液样品

(1)用于检验病原的样品,在动物发病初期体温升高期间采集。

(2)带毒动物,进入隔离场后 7 天以前采集。

(3)血清学诊断,要采集双份血清,第一份采于病的初期,冷冻保存;第二份采于第一份后 3～4 周。

(4)寄生虫检验,根据各种寄生虫的特点适时采集。

三、采样数量

(1)诊断时:1~3头(只)病死动物的有病变的器官组织。

(2)免疫效果监测:禽类存栏小于5 000羽(只)按1%,大于5 000按0.5%采集;畜类根据群大小适量采集。

四、采样器械物品的准备

(1)采样工具:采样箱或保温箱、剪刀、镊子、酒精棉、碘棉、注射器。

(2)样品容器:带盖离心管(1.5~5毫升)、封口样品袋、塑料袋等。

(3)记录用品:不干胶标签、记号笔、采样单、采样登记表等。

(4)保存液:阿氏液、30%甘油盐水缓冲液、PBS液等。以上溶液配方见附录1。

(5)防护用具:口罩、一次性手套、防护服、胶鞋等。

附录1 各种保存液配方

1.阿氏液(Alsevers)

葡萄糖	2.05克
柠檬酸钠	0.8克
柠檬酸	0.055克
氯化钠	0.42克

加蒸馏水至100毫升,溶解后调pH至6.1后分装,70千帕高压灭菌15分钟,冷却后4℃保存备用。

2.30%甘油盐水缓冲液

甘油	30毫升
氯化钠	4.2克

磷酸二氢钾(KH_2PO_4)	1.0 克
磷酸氢二钾(K_2HPO_4)	3.1 克
0.02%酚红	1.5 毫升

蒸馏水加至 100 毫升,加热融化,pH 7.6,100 帕 15 分钟灭菌,冷却后4℃保存。

3. pH 7.4 的等渗磷酸盐缓冲液(PBS)

氯化钠	8.0 克
磷酸二氢钾	0.2 克
磷酸氢二钾	2.9 克
氯化钾	0.2 克

将上述试剂按次序加入定量容器中,加适量蒸馏水溶解后,再定容至1 000 毫升,调 pH 为 7.2～7.4,用流通蒸汽加热 30 分钟,滤纸过滤,分装于试管或烧瓶中,以 100 千帕 20 分钟灭菌,冷却后 4℃冰箱中保存。

4. 棉拭子用抗生素 PBS 液

取 PBS 液按每毫升,喉气管拭子加入青霉素 2 000 国际单位、链霉素 2 毫克、丁胺卡钠 1 000 国际单位、制霉菌素 1 000 国际单位。粪便和泄殖腔拭子上述抗生素提高 5 倍。

第二节　样品采集

一、血液样品的采集

(一)采血方法

1. 禽类　雏鸡心脏采血,成年鸡心脏或翅静脉采血。

2. 猪　耳缘静脉、前腔静脉、股静脉采血。

3. 牛、羊　颈静脉、牛尾静脉、乳房静脉采血。

(二)血液样品的制备

1. 抗凝血　常用作细菌或病毒检验样品。预先在容器内按每

10 毫升血液加入 1 毫升 0.1%肝素或 20 毫克 EDTA 或 2 毫升 5%柠檬酸钠。采集的血液立即与抗凝剂混合，防止凝固，但要轻轻混匀以免溶血。必要时，可在每毫升血液中加入青霉素和链霉素各 500～1 000 国际单位。

2. 血清制备　不加抗凝剂，采血器具斜放，血液在室温下倾斜放置 2～4 小时(防止暴晒)，待血液自然析出血清，或剥离针剥离血凝块，将试管放在装有 25～37℃温水的杯内或 37℃温箱内 1 小时或放置在 4℃冰箱内过夜，待大部分血清析出后取出血清，必要时经 1 500～2 000 转/分离心。

3. 血涂片

准备洁净、脱脂的载玻片，蘸取米粒大一滴血于载玻片一端约 1/5 处，左手中、拇指平持此片、右手持边缘光滑的另一玻片，从血滴前方向后接触血滴，使血沿推片的边缘展开，以 25°～40°，等速向前推进，至血推尽为止。制作良好的血片应呈舌状，头端较厚，尾端甚薄，不呈波浪状，无气泡，血膜长度应约为载玻片的2/3，宽度小于载玻片。推好的血片在空气中挥动使之快干，细胞不易变形缩小。在寒冷季节，应将载玻片稍烤温，尽快固定。做好记录，应写明畜号和日期。

二、动物活体样品的采集及技术要求

1. 家禽　用喉拭子和泄殖腔拭子采集。

2. 猪　①扁桃体采取：使用专用扁桃体采集器，用开口器开口，看到突起的扁桃体，用扁桃体采集器采集；②鼻腔拭子、咽拭子；③肛门拭子。

3. 牛、羊　①牛、羊 O－P 液(咽食道分泌物)的采集：采样前禁食(可饮少量水)12 小时；②胃液及瘤胃内容物。

4. 乳汁采集　乳房先用消毒药洗净，最初的 3～4 把乳汁弃掉，然后再采集10毫升左右的乳汁于灭菌容器内。

三、病死畜禽组织的采集及技术要求

采样原则：采集有病变的器官组织，要采集病变和健康组织交界处，先采实质器官（脾、肾、肝等），后采集污染的器官组织（胃、肠等）。

1. 小家畜或禽类　整体采集。

2. 实质器官的采集

（1）做病理组织学检验的组织样品必须保持新鲜，采样时采集包括病灶及临近正常组织交界处，立即放入10倍于组织块的10%福尔马林溶液中。厚度不超过0.5厘米，切成1～2厘米^{2}的块（检查狂犬病需要大块）。

（2）用于病原学诊断的组织样品：用于微生物学检验的病料应新鲜，尽可能减少污染。

第三节　样品的记录、包装、保存和运输

一、样品记录

采样同时填写采样单，应包括场名、畜种、日龄、联系人、电话、规模、采样数量、样品名称、编号、免疫情况、临床表现等。

二、样品包装

盛放样品的容器必须完整无破损，密封不漏出液体。装病原学样品的要求无菌处理。

1. 血清样品　要求统一使用1.5～5毫升带盖塑料离心管。

2. 组织样品　统一使用封口塑料袋。

三、样品保存

(一)血清样品的保存

一般情况下,应尽快送检,远距离送检,必须冷冻保存。

(二)病原学病料的保存

1.液体病料　黏液、渗出物、胆汁、血液等,收集于带盖离心管中,立即送检。

2.棉拭子　将每只拭子剪断,投入装有PBS液的灭菌离心管内,立即封口,尽快送检。远距离送检时必须冷冻保存。

3.实质器官　在短时间内(夏天不超过20小时,冬季不超过20天)能送到检验单位的,可将装病料的容器放在装有冰块的保温箱内送检。时间长的,供细菌检验的放于灭菌流动石蜡或灭菌的30%甘油生理盐水中,供病毒检验的放于50%甘油生理盐水中。

四、样品运输

所采集的样品以最快最直接的途径送往实验室。如样品能在采集后24小时内送实验室,则可放在4℃的容器内运送。不能在24小时内送到的必须冷冻后冷冻运送。要避免样品泄漏。所有样品都要贴上详细标签。

长期保存必须在超低温(−70℃以下)条件下保存,避免反复冻融。

五、动物主要疫病病原学监测取样样品

一些动物主要疫病病原学监测样品对应的采集部位见表3-1。

表 3-1　动物主要疫病病原学监测样品对应的采集部位

疫病名称	样品采集部位
禽流感 新城疫	鼻、咽、气管分泌物，肝、脾、肾、脑，肠管及内容物，粪便，泄殖腔棉拭子
禽白血病	全血，病变组织，泄殖腔棉拭子，脾、气管黏膜，脑
鸡白痢	全血，粪便，肝、脾
禽支原体	鼻、咽、气管分泌物，肺，气管黏膜
鹦鹉热	全血、眼结膜分泌物，粪便、气囊、实质器官、腹水、泄殖腔拭子
鸡病毒性关节炎	水肿的腱鞘、脾，胫股关节滑液
鸡传染性喉气管炎	鼻、气管分泌物，气管黏膜
鸡传染性支气管炎	肺，气管黏膜
鸡传染性法氏囊炎	法氏囊，肾、脾
禽伤寒	全血，粪便，肝，脾，胆囊
禽痘	水疱皮，水疱液
马立克氏病	全血，皮肤，皮屑，羽毛尖，脾
禽白血病	全血，病变组织
鸡白痢	全血，粪便，肝，脾
鸭病毒性肝炎	全血，肝
鸭瘟	全血，鼻、咽分泌物，粪便，病变组织
牛瘟	眼结膜分泌物，粪便，肠黏膜
牛海绵状脑病	脑
牛肺疫	肺，胸、腹积液
牛传染性鼻气管炎	全血，眼、鼻、气管分泌物，气管黏膜，流产胎儿
牛病毒性腹泻	全血，粪便，肠黏膜，淋巴结，耳部皮肤
牛流行热	全血，脾，肝，肺
羊痘	全血，新鲜病变组织及水疱液，淋巴结
蓝舌病	全血，脾，肝

续表 3-1

疫病名称	样品采集部位
犬瘟热	实质器官,分泌物
兔瘟	全血,肾,肺,唾液
猪瘟	急性病例首选扁桃体,慢性病例首选直肠末端;此外还应采集脾脏、肾脏、淋巴结和回肠末端
伪狂犬病	病猪或未断奶仔猪的脑组织以及扁桃体;隐性感染猪采集三叉神经
蓝耳病	病猪或疑似病猪的肺脏、脾脏;对新鲜死胎、弱仔及哺乳仔猪还应采血液、胸腔积液,扁桃体
猪圆环病毒病	病猪尤其是断奶仔猪的肺脏和淋巴结
猪细小病毒病	初产母猪的流产胎儿、死胎积弱仔的脑、肾、睾丸、肺、肝等;母猪胎盘、阴道分泌物等
猪乙脑	子宫内膜,流产胎儿的大脑,发病种猪的睾丸
猪流感	急性发病猪的鼻拭子、气管或支气管拭子,实质器官
传染性胸膜肺炎	病死猪肺脏,急性死亡猪心血、胸水及鼻血
传染性胃肠炎	粪便,小肠及内容物
猪脑脊髓炎	脑,脊髓,唾液,粪便
流行性腹泻	粪便,病变肠段及内容物
布氏杆菌病	流产胎儿,胎盘,乳汁,精液
巴氏杆菌病	全血(涂片),肝,肾,脾,肺
结核病	乳汁,痰液,粪便,尿,病灶分泌物,病变组织
炭疽	全血(涂片),脾,耳部皮肤
狂犬病	唾液,脑
其他疫病	尽可能采集病原比较富集的组织脏器,胸水,腹水及分泌物等

六、动物疫病监测采样单

动物疫病监测采样单见表 3-2。

表 3-2 动物疫病监测采样单

场 名				级别			
地 址							
联系人					电话		
栋 号	畜别	存栏	日龄	采样数量	样品名称	编号	备注
免疫情况							
临床表现							
既往病史							
其他							
被采样单位签字(章)				采样单位签字(章)			
年 月 日				年 月 日			

第四章　消　　毒

第一节　概　　述

一、消毒的概念、原理、目的和意义

消毒就是采取机械、物理、化学或生物热等方法，清除或杀灭致病性物质或微生物。消毒的原理是指用上述方法使微生物的蛋白质变性、酶失活、遗传物质损坏或细胞的渗透性改变，而最终造成微生物死亡或使其失去活力。

消毒的目的是切断传播途径，以预防、控制和消灭传染病。消毒对不同传染病的意义不一样，对消化道传染病能有效地防止扩散，意义最大，对体表传染病也有重要意义，对呼吸道传染病的意义有限，对虫媒传染病一般不起作用。因此，消毒只能是综合性防疫的重要措施之一。

二、消毒的种类

消毒的种类可分为预防性消毒和疫源地消毒。

（一）预防性消毒

指尚未发生动物疫病，结合日常饲养管理对可能受到病原微生物或其他有害微生物污染的场合、用具、场地、饮水以及动物群等进行的消毒。可分为日常消毒、即时消毒和终末消毒。

1. 日常消毒　也称为预防性消毒，是根据生产的需要采用各种消毒方法在生产区和动物群中进行的消毒。主要有日常定期对

圈舍、道路、动物群的消毒，定期向消毒池内投放消毒剂等；临产前对产房、产栏及临产动物的消毒，对幼仔的断脐、剪耳号、断尾、去势时的术部消毒；人员、车辆出入栏舍、生产区时的消毒；饲料、饮用水及至空气的消毒；器械如体温表、注射器、针头等消毒。

2. 即时消毒 亦称为随时消毒，是当动物群中有个别或少数动物发生一般性疫病或突然死亡时，立即对其所在圈舍进行局部强化消毒，包括对发病或死亡动物的消毒及无害化处理。

3. 终末消毒 也称为大消毒，是采用多种消毒方法对全场或部分圈舍进行全方位的彻底清理与消毒。主要用于全进全出空栏后。

(二)疫源地消毒

指对存在着或曾经存在着传染源的场舍、用具、场地和饮水等进行的消毒。疫源地消毒的目的是杀灭或清除传染源排出的病原体，包括紧急防疫消毒和终末大消毒。

1. 紧急防疫消毒 在动物疫情发生后至解除封锁前的一段时间内，对养殖场、圈舍、动物的排泄物、分泌物及其污染的场所、用具等及时进行的防疫消毒。

2. 终末大消毒 待全部发病动物及疫区范围内所有可疑动物经无害化处理完毕，经过一定的时间再没有新的病例发生，在疫区解除封锁之前，为了消灭疫区内可能残留的所发疫情的病原体所进行的全面彻底的大消毒。

第二节 常用消毒药

一、碱类

包括氢氧化钠（烧碱）、生石灰及草木灰，它们都是直接或间接以碱性物质对病原微生物进行杀灭作用。消毒原理是：水解病原菌的蛋白质和核酸，破坏其正常代谢，最终达到杀灭病原微生物的效果。

1. 氢氧化钠(苛性钠)　对纺织品及金属制品有腐蚀性,故不宜对以上物品进行消毒,而且对于其他设备、用具在用烧碱消毒半天后,要用清水进行清洗,以免烧伤动物的蹄部或皮肤。其2%溶液常用于病毒性感染如口蹄疫、猪瘟等,5%用于炭疽消毒。

2. 草木灰　新鲜的草木灰含有氢氧化钾和碳酸钾,常以15千克加水50千克煮沸,去灰渣后,补足量,代替烧碱。草木灰通常在雨水淋湿之后能够渗透到地面,常用于对动物场地的消毒,特别是对野外放养场地的消毒,这种方法既可以做到清洁场地,又能有效地杀灭病原微生物。

3. 石灰　在溶于水之后变成氢氧化钙,同时又产生热量,通常配成10%～20%的溶液对动物饲养场的地面或墙壁进行消毒,另外生石灰也用于对病死动物无害化处理,其方法是在掩埋病死动物时先撒上生石灰粉,再盖上泥土,能够有效地杀死病原微生物。但对芽孢无效。

二、氧化剂

氧化剂是一些含不稳定的结合态氧的化合物,一遇有机物或酶即放出初生氧,破坏菌体蛋白或酶蛋白而呈杀菌作用,同时对细胞或组织也可有损伤和腐蚀作用。细菌对氧化剂的敏感性有很大差异,革兰氏阳性菌、某些螺旋体敏感,厌氧菌更为敏感。常用的有过氧化氢溶液、高锰酸钾、过氧乙酸等。

1. 过氧化氢溶液(双氧水)　用于创伤或黏膜,遇有机物,特别是脓、血中的触酶,可立即分解放出氧,有杀菌作用。如清洗带有恶臭的创伤用1%～3%溶液,洗涤口腔用0.3%～1%溶液等,3%以上对组织有刺激性。

2. 高锰酸钾　是一种强氧化剂,遇到有机物即起氧化作用,因此,不仅可以消毒,也可以除臭,低浓度时还有收敛作用,动物饮用常配成0.1%的水溶液，治疗胃肠道疾病；0.5%的溶液可以消毒皮肤、黏膜和创伤，用于洗胃和使毒物氧化而分解，高浓度时对组织有刺激和腐蚀性；4%的溶液通常用来消毒饲料槽及用具，效果显著。

3.过氧乙酸　消毒时可配成0.2%～0.5%的浓度，对动物栏舍、饲料槽、用具、车辆、食品车间地面及墙壁进行喷雾消毒，也可以带动物消毒，但要注意因为容易氧化，所以要现用现配。

三、酚类

酚类是外科上最早使用的一种消毒防腐药，包括苯酚、煤酚、间苯二酚、六氯酚等。其中苯酚是外科最早使用的消毒药，但对动物体有强烈的毒性。

1.苯酚（酚、石炭酚）　能使蛋白质变性、凝固而呈杀菌作用，对组织有很强的刺激性。0.2%可抑制一般细菌的生长，杀菌需1%以上的浓度（杀死葡萄球菌、链球菌需3%，1～3分钟杀死），杀霉菌需1.3%以上浓度。对芽孢无效。

苯酚对组织穿透力较强，不仅损伤组织，量大还易被吸收引起中毒。

2.煤酚（甲酚）　毒性比苯酚稍低，作用比苯酚广泛。通常均用其50%肥皂溶液，即煤酚皂溶液（来苏儿），用时加水稀释作手和皮肤消毒（1%～2%溶液），创伤和黏膜消毒用0.1%～0.2%溶液，器械与厩舍用具用3%～5%溶液，排泄物用5%～10%溶液。常用的含酚焦油还有煤焦油、松馏油和鱼石脂，均有温和的刺激、防腐及止痒作用，用以治疗慢性皮肤病，如湿疹、牛皮癣等。

四、醇类

乙醇（酒精）是应用最广、也是较好的一种皮肤消毒药。其杀菌作用是由于能使菌体蛋白凝固和脱水，而且由于脂溶性还使它易渗入菌体，有助于发挥作用。50%～80%的乙醇杀菌力最强，浓度过高可使组织表面产生一层蛋白凝固膜，妨碍渗透，影响杀菌效果。

乙醇的杀菌效果不是太强，70%乙醇相当于3%苯酚，可杀死一般繁殖型病原菌和有些病毒，但对芽孢无效。主要应用于手指、体表皮肤、体温计、注射针头及小件医疗器械的消毒。

五、酸类

酸包括无机酸和有机酸两类。无机酸的杀菌作用取决于离解的氢离子，环境中氢离子浓度的改变可抑制细菌细胞膜的通透性，影响细菌的物质代谢，高浓度的氢离子可使菌体蛋白变性和水解。有机酸杀菌作用不强，其作用主要依赖整个分子或其阴离子。

(一)无机酸

1. 盐酸和硫酸　有强大的杀菌作用，但对生活组织和各种物品均有强烈的腐蚀性，不适宜作消毒防腐要用。其中只有盐酸常用来消毒污染炭疽芽孢的皮张，消毒时以含有15%食盐的2%盐酸加温到30℃，将皮张浸入此酸中消毒40小时，而后在碱液中中和即可。

2. 硼酸　为弱酸，抗菌作用微弱，刺激性较小，2%～4%溶液可用于冲洗较为敏感的组织，如眼、口腔和创伤组织。

(二)有机酸

1. 水杨酸　难溶于水，易溶于醇。3%以上浓度对细菌、霉菌有较弱的杀灭作用，并有角质溶解作用。2%～10%醇溶液或软膏用于霉菌性皮肤病，可使表皮软化脱落，菌丝也随之脱去。

2. 乳酸　与水或乙醇能任意混合，用于空气消毒，每100米^{3}用6～12毫升，加水稀释成20%浓度加热蒸发，消毒30～60分钟，可杀灭某些病毒和革兰氏阳性菌。

六、卤素类

卤素极易形成卤素的化合物，均有强大的杀菌能力，常用的卤素为氯和碘。氯有强大的杀菌、杀病毒作用。但氯是气体，应用很不方便，一般都用能释放游离氯的含氯化合物。

1.漂白粉（含氯石灰）　漂白粉是最常用的含氯化合物，为次氯酸钙和氢氧化钙的混合物。新制的漂白粉含氯25%～36%，受潮或储存时间长时可分解失效。低于16%不宜使用。漂白粉对组织刺激性太大，不适用于创伤、皮肤消毒，主要用于饮水、物品和排泄物的消毒。饮水消毒每立方米水中加入漂白粉6～10克，隔30分钟即可饮用。10%～20%乳剂用于厩舍、粪池、车辆和排泄物的消毒。干粉可与粪便以1∶5的比例彻底混合进行消毒。1%～3%澄清液可用于消毒食具、玻璃器皿和各种非金属用具。对金属有腐蚀性。

2.氯胺　含有效氯12%，易溶于水。抗菌力较小，但作用持久，且受有机物影响小，对组织刺激弱。主要用于饮水消毒、器皿和食品厂设备的消毒。

3.碘　有强大的杀菌、杀病毒和杀霉菌作用，消毒作用几乎没有选择性，对所有各种微生物的有效浓度大致相同，杀菌作用在碱性和有机物存在时减弱。

碘酊是最常用和最有效的皮肤消毒药，对组织毒性小，穿透力强。2%和5%碘酊用于一般皮肤消毒。手术前术部皮肤消毒用5%碘酊。碘对组织有较强的刺激性，浓度越大越强。

七、表面活性剂

表面活性剂有降低水和油的表面张力的性质，有利于乳化、去油污，起清洁作用，故又称为清洁剂或洗涤剂。有阴离子和阳离子表面活性剂之分，其中阳离子表面活性剂抗菌作用最强。

1.新洁尔灭　是一种阳离子表面活性剂型的消毒药，既有清洁作用，又有抗菌消毒效果，它的特点是对动物组织无刺激性，作用快、毒性小，对金属及橡胶均无腐蚀性，但价格较高。0.1%溶液用于器械用具的消毒，0.5%～1%溶液用于手术的局部消毒。但要避免与阴离子活性剂如肥皂等共用，否则会降低消毒的效果。

2.洗必泰(双氯苯双胍己烷)　抗菌作用比其他清洁剂强，抗菌谱广，毒性低，0.1%乳膏可用于烧伤感染，0.05%溶液用于冲洗创伤，0.02%溶液可用于洗手及术后皮肤消毒。

八、挥发性烷制剂

挥发性烷制剂在室温下为气体，其杀菌作用强大，对细菌、芽孢、病毒、霉菌甚至昆虫及卵均有杀灭力。主要作气体消毒，用于不能受热、受潮的物品。

1.甲醛　40%水溶液称为福尔马林，有极强的还原性，为强大的光谱杀菌剂，刺激性不强，不适用于皮肤、黏膜，主要用于消毒房屋、仓库、羊毛、衣物和器械，2%福尔马林用于器械消毒。10%福尔马林用于固定和保存标本。房屋和仓库的熏蒸消毒每立方米空间需15～30毫升福尔马林，加等量水加热蒸发，或加高锰酸钾蒸发。高锰酸钾和福尔马林的比例是3∶5，即每立方米需用9～18克高锰酸钾。衣物、裘皮、仪器、书报等物品的消毒，可放在密闭容器内进行熏蒸，每立方米用75毫升福尔马林。杀死芽孢每立方米需用250毫升福尔马林。甲醛熏蒸消毒必须有较高的气温和相对湿度(60%～80%)，故在熏蒸前先喷水增加湿度。

2.戊二醛　抗菌谱广、消毒作用快而强。常用其2%碱性溶液(加0.3%碳酸氢钠)作为医疗器械、橡胶制品和体温计等浸泡消毒。消毒作用不受有机物影响，刺激性小，缺点是稳定性差，碱性溶液2周后即失效。

第三节　消毒方法

一、消毒的方法及其选择

(一)消毒的方法

常用的有机械、物理、化学和生物等消毒法。

1.机械清除法　是指用清扫、洗刷、通风、过滤等机械方法清除病原微生物的方法。随着污物的清除,大量病原微生物也被清除,因而是最普通最常用的方法。但清除时不要尘土飞扬,造成病原微生物散播。机械清除不能杀灭病原微生物,故需配合其他消毒方法。

2.物理消毒法　是指用物理方法杀伤病原微生物。高温、阳光、紫外线的杀伤作用较强。干燥、寒冷有一定的杀伤能力。

3.化学消毒法　是指用化学药物杀灭病原微生物。用于杀灭病原微生物的药物叫消毒剂。但其杀灭能力不同,能杀灭各种类型微生物的药物叫灭菌剂,如环氧乙烷、甲醛、过氧乙酸、氢氧化钠和某些含氯制剂等。只能杀死繁殖型病原体的药物叫杀菌剂,如乙醇、新洁尔灭、克辽林等。

4.生物消毒法　是指用生物杀灭或消除病原微生物。如利用嗜热杆菌繁殖产热杀灭病原微生物;利用缺氧条件下厌氧菌生长来阻止需氧微生物生长对污水进行净化等。此法对细菌芽孢无作用。

(二)消毒方法的选择

为保证消毒效果,需结合具体情况,选择适宜消毒方法。应考虑病原微生物的种类,细菌芽孢耐受力强,需用灭菌剂、高温的方法。细菌繁殖体、病毒、螺旋体、霉形体、立克次氏体、衣原体的耐受力差,一般消毒法都可。真菌孢子、结核菌、肠道病毒的耐受力中等。要考虑处理对象的性质,看消毒对象是否被消毒损坏。要考虑消毒现场的特点,畜舍密闭性好可选熏蒸法,密闭性差可用液体剂消毒。注意人畜安全,最好用对人畜毒性小或没有危害的方法。此外,还要考虑实用经济,使用简便。

二、消毒对象

1.畜禽舍圈消毒　可先清扫。液体消毒用10%～20%石灰乳,1%～10%漂白粉,1%～4%氢氧化钠,1 000毫升/米^{3}喷洒地面、墙壁、门窗。泥泞圈舍可撒一层干石灰或草木灰,然后垫上新土。

2.污染用具消毒　如食槽、鸡笼、兔笼等,能耐火的可用火焰消毒。不耐火的可用上述消毒剂洗刷,但消毒后需用清水冲洗。

3.粪便消毒　粪便定点堆积后,常用生物热发酵消毒法,对一般病原微生物都能杀死,但对芽孢杆菌无效,可用焚烧或灭菌剂消毒。

4.空气消毒　常用福尔马林气体消毒法。

三、影响消毒效果的因素

消毒药可受许多因素的影响而增强或减弱其抗菌作用。为充分发挥它们的抗菌作用,必须正确认识这些影响因素。

1.消毒的时间和剂量(消毒剂的浓度、热力消毒的强度、紫外线消毒的照射强度等)　一般来说,消毒药的抗菌作用都是与其浓度大小和作用时间的长短成正比。浓度越大,时间越长,效果越好。因此,消毒时必须根据各种消毒药的特性,选用适当的药物浓度,以达到规定的作用时间。当然也有些消毒药必须在一定浓度下才能发挥消毒作用,浓度大或小都不能发挥最强效力(如:酒精在75%时消毒效果最佳,过高或过低效果均不理想)。

2.病原微生物污染的程度　受病原微生物重度污染的区域、

物品等，就要加大消毒次数和用量，否则很难消毒彻底。

3. 温度　温度高低与消毒效果成正比，温度越高，消毒效果越好。一般每增加 10℃，消毒效果增加 1～2 倍。

4. 环境基质　消毒药的抗菌作用与环境中有机物的多少成反比，有机物的量越多，消毒效果越差。有机物一方面可以掩盖细菌起保护作用，另一方面，其中的蛋白质可以与消毒药起结合反应，消耗药量，使消毒效力降低。

5. 微生物特点　不同种的微生物对不同消毒药的易感性有很大差异。一般规律是休眠期的芽孢对消毒药的抵抗力比繁殖型细菌大，消毒时所需浓度和时间要增加。病毒和繁殖型霉菌对消毒药的敏感性与繁殖型细菌大致相同，但病毒对酚类耐受力很大，对碱却很敏感。乳酸杆菌和结核分支杆菌对酸的抵抗力较大。

6. 相互拮抗　两种消毒药合用时常会降低药效，例如，阴离子清洁剂肥皂和阳离子清洁剂共用时可发生化学反应而使消毒效果减弱，乃至完全消失。

四、消毒效果的检查

考核消毒效果的内容有几个方面：第一，消毒是否及时；第二，消毒对象和消毒方法的选择作用时间是否正确；第三，消毒后的效果，消毒效果的指标是疫区内可能成为传播因素的物体，不应有该传染病的特异病原微生物存在。当该病原微生物检查困难时，可检查容易检查的微生物。如肠道传染病不得检查出大肠杆菌，呼吸道传染病不得检查出溶血性链球菌。

第五章 兽药使用基本常识

第一节 兽药常识

一、兽药的概念

兽药是指用于预防、治疗、诊断动物疾病或者有目的地调节动物生理机能的物质(含药物饲料添加剂),主要包括血清制品、疫苗、诊断制品、微生态制品、中药材、中成药、化学药品、抗生素、生化药品、放射性药品及外用杀虫剂、消毒剂等。

二、兽药产品批准文号

1. 概念　兽药批准文号是国务院兽医行政管理部门根据《兽药管理条例》的规定,对特定的兽药生产企业按照兽药法定标准、生产工艺和生产条件生产某一兽药产品的法律许可凭证,具有专一性,不允许随意改变或多产品共用一个批准文号,也不允许将产品文号转让给别的生产企业。

2. 格式　兽药产品批准文号的编制格式为:兽药类别简称+年号+企业所在地省份(自治区、直辖市)序号+企业序号+兽药品种编号。格式如图 5-1 所示。

药物添加剂的类别简称为“兽药添字”;血清制品、疫苗、诊断制品、微生态制品等的类别简称为“兽药生字”;中药材、中成药、化学药品、抗生素、生化药品、放射性药品、外用杀虫剂和消毒剂等的类别简称为“兽药字”。

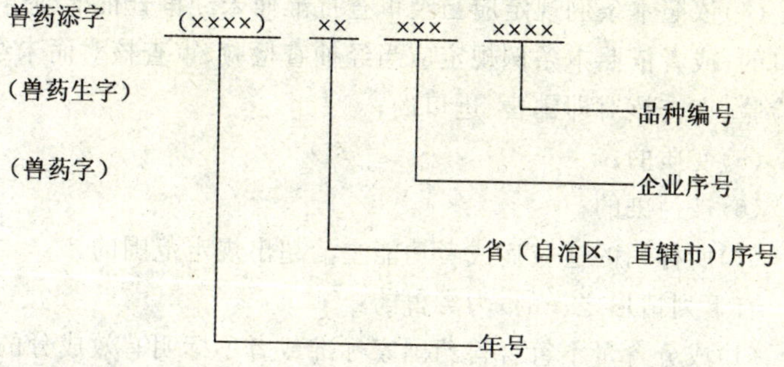

图 5-1 兽药产品批准文号编制格式

年号用4位数字表示，即核发产品批准文号时的年份。

企业所在地省份序号用2位阿拉伯数字表示，由农业部规定并公告。

企业序号按省排序，用3位阿拉伯数字表示，由农业部公告。

兽药品种编号用4位阿拉伯数字表示，由农业部规定并公告。

3. 管理　根据《兽药管理条例》，兽药产品批准文号由国务院兽医行政管理部门发放。核发办法由国务院兽医行政管理部门制定。

第二节　兽药使用与经营常识

一、假、劣兽药的定义

有下列情形之一的，为假兽药：

(1)以非兽药冒充兽药或者以他种兽药冒充此种兽药的；

(2)兽药所含成分的种类、名称与兽药国家标准不符合的；

有下列情形之一的，按照假兽药处理：

(3)国务院兽医行政管理部门规定禁止使用的；

(4)依照本条例规定应当经审查批准而未经审查批准即生产、进口的，或者依照本条例规定应当经抽查检验、审查核对而未经抽查检验、审查核对即销售、进口的；

(5)变质的；

(6)被污染的；

(7)所标明的适应症或者功能主治超出规定范围的。

有下列情形之一的，为劣兽药：

(1)成分含量不符合兽药国家标准或者不标明有效成分的；

(2)不标明或者更改有效期或者超过有效期的；

(3)不标明或者更改产品批号的；

(4)其他不符合兽药国家标准，但不属于假兽药的。

二、禁止生产、经营和使用的兽药

(1)假兽药、劣兽药、无生产批准文号的兽药和国家明文规定禁止使用的兽药；

(2)无产品质量合格证的兽药；

(3)包装没有标签的或标签不符合规定的兽药；

(4)有有效期但未注明有效期的兽药；

(5)包装中没有说明书或说明书不符合规定的兽药；

(6)原料药直接分装用于添加、饲喂的兽药。

三、兽药的包装、标签和说明书规定

兽药包装应当按照规定印有或者贴有标签，附具说明书，并在显著位置注明“兽用”字样。兽药的标签和说明书经国务院兽医行政管理部门批准并公布后，方可使用，应当以中文和拼音注明兽药的通用名称、成分及其含量、规格、生产企业、产品批准文号(进口兽药注册证号)、产品批号、生产日期、有效期、适应症或者功能主治、用法、用量、休药期、禁忌、不良反应、注意事项、运输贮存保管条件及其他应当说明的内容;有商品名称的,还应当注明商品名称,商品名称字体不能大于通用名称2倍;获得主管部门批准的商标、专利、GMP证书,可在左、右上角标示;必须按照规定的统一要求印刷,其文字及图案不得擅自加入任何未经批准的内容;内容必须真实、准确,不得虚假和夸大,也不得印有任何带有宣传、广告色彩的文字和标志;内容不得超出或删减规定的项目内容;不得印有未获批准的专利、兽药GMP、商标等标志。兽用处方药的标签或者说明书除有上述规定的内容外,还应当印有国务院兽医行政管理部门规定的警示内容,其中兽用麻醉药品、精神药品、毒性药品和放射性药品还应当印有国务院兽医行政管理部门规定的特殊标志;兽用非处方药的标签或者说明书还应当印有国务院兽医行政管理部门规定的非处方药标志。

四、兽药产品内、外包装标签规定

(1)内包装标签必须注明兽用标志、兽药名称、适应症(或功能与主治)、含量/包装规格、批准文号或《进口兽药注册证书》证号、生产日期、生产批号、有效期、生产企业信息等内容。

安瓿、西林瓶等注射或内服产品,由于包装尺寸的限制而无法注明上述全部内容的,可适当减少内容,但至少须标明兽药名称、含量规格、生产批号。

(2)外包装标签必须注明兽用标志、兽药名称、主要成分、适应症(或功能与主治)、用法与用量、含量/包装规格、批准文号或《进口兽药注册证书》证号、生产日期、生产批号、有效期、停药期、贮藏、包装数量、生产企业信息等内容。

五、兽药说明书规定

兽用化学药品、抗生素产品的单方、复方及中西复方制剂的说明书必须注明以下内容:兽用标志、兽药名称、主要成分、性状、药理作用、适应症(或功能与主治)、用法与用量、不良反应、注意事项、停药期、外用杀虫药及其他对人体或环境有毒有害的废弃包装的处理措施、有效期、含量/包装规格、贮藏、批准文号、生产企业信息等。

中兽药说明书必须注明以下内容:兽用标志、兽药名称、主要成分、性状、功能与主治、用法与用量、不良反应、注意事项、有效期、规格、贮藏、批准文号、生产企业信息等。

兽用生物制品说明书必须注明以下内容:兽用标志、兽药名称、主要成分及含量(型、株及活疫苗的最低活菌数或病毒滴度)、性状、接种对象、用法与用量(冻干疫苗须标明稀释方法)、注意事项(包括不良反应与急救措施)、有效期、规格(容量和头份)、贮藏、废弃包装的处理措施、批准文号、生产企业信息等。

六、休药期规定

休药期或停药期,系指畜禽最后一次用药到该畜禽许可屠宰或其产品(乳、蛋)许可上市的间隔时间。到目前为止,只有一部分兽药规定了休药期,由于确定一个药品的休药期的工作很复杂,还有一些药品没有规定休药期,也有一些兽药不需要规定休药期。兽药的休药期不是为了维护畜禽等动物的健康,而是为了减少或避免供人食用的动物组织或产品中残留药物超量。为了在供人类食用其产品时药物残留保证达到国家规定标准,保证人在食用了其组织或产品后不会危害人们的身体健康,所以必须规定休药期。

七、有效期的概念

兽药在规定的贮藏条件下,稳定性比较好的药品,在贮藏过程中,药效降低较慢,毒性也较低。但有一些稳定性较差的药品,在贮藏过程中,药效可能降低,毒性可能增高,有的甚至不能药用。

因此，为了达到药品的有效治疗效果，兽药必须规定有效期。兽药产品有效期系指该兽药被批准的使用期限，以法定兽药质量标准规定的有效期为准。法定兽药质量标准未规定的品种，企业可根据产品稳定性试验结果确定临时有效期，但最长时间不得超过3年。兽药的有效期按年月顺序标注。年用4位数表示，月用2位数表示，如："有效期至2009年09月"，或"有效期至2009.09"。兽药产品没有都规定有效期，还有部分兽药没有规定有效期。目前只有部分化学药品、抗生素类、生物制品类兽药规定了有效期，各药品由于稳定性差异很大，必须根据各产品稳定性试验结果来确定有效期。未规定有效期的，一般化学药品不超过3年；生物药品不超过2年。过了有效期的兽药应属于劣药，劣药当然不能再继续销售与使用，必须销毁。

八、被禁止使用兽药产品类别

为保证动物源性食品安全，维护人民身体健康，农业部第193号公告制定了不得用于食品动物一些兽药及其他化合物品种，在该清单中停止经营和使用的兽药品种包括原料药、单方及其复方制剂：

(1)β-兴奋剂类：克伦特罗(瘦肉精)、沙丁胺醇、西马特罗及其盐、酯及制剂。

(2)性激素类：已烯雌酚及其盐、甲基睾丸酮、丙酸睾酮、苯丙酸诺龙、苯甲酸雌二醇及其盐、酯及制剂。

(3)具有雌激素样作用的物质：玉米赤霉醇、去甲雄三烯醇酮、醋酸甲孕酮及制剂。

(4)氯霉素及其盐、酯及制剂。

(5)氨苯砜及制剂。

(6)硝基呋喃类：呋喃唑酮、呋喃它酮、呋喃苯烯酸钠及制剂。

(7)硝基化合物：硝基酚钠、硝呋烯腙及制剂。

(8)催眠、镇静类:安眠酮及制剂。

(9)林丹(丙体六六六)杀虫剂。

(10)毒杀芬(氯化烯)杀虫剂、清塘剂。

(11)呋喃丹(克百威)杀虫剂。

(12)杀虫脒(克死螨)杀虫剂。

(13)双甲脒杀虫剂。

(14)酒石酸锑钾杀虫剂。

(15)锥虫胂胺杀虫剂。

(16)孔雀石绿抗菌、杀虫剂。

(17)五氯酚酸钠杀螺剂。

(18)各种汞制剂:氯化亚汞(甘汞)、硝酸亚汞、醋酸汞、吡啶基醋酸汞杀虫剂。

在清单中不准以抗应激、提高饲料报酬、促进动物生长为目的在食品动物饲养过程中使用的原料药及其单方、复方制剂产品有:

(19)催眠、镇静类:氯丙嗪、地西泮(安定)及其盐、酯及制剂。

(20)硝基咪唑类:甲硝唑、地美硝唑及其盐、酯及制剂。

(21)抗病毒药:抗病毒药物被禁止兽用或慎用,如金刚烷胺、金刚乙胺、利巴韦林等。

九、饲料药物添加剂管理办法

饲料药物添加剂按兽药进行管理。所添加品种(抗球虫药类、驱虫类、抑菌促生长剂类、中草药类、微生态制剂类、酶制剂类、维生素类、微量元素类)的质量标准按《中国兽药典》等有关国家标准、专业标准执行。

除农业部批准可允许添加到饲料中使用的饲料药物添加剂外,任何其他兽药产品一律不得添加到饲料中使用。凡农业部批准的具有预防动物疾病、促进动物生长作用,可以在饲料中长时间添加使用的饲料药物添加剂品种,其产品批准文号须用“兽药添字”。生产含有“兽药添字”添加剂的饲料，必须在产品标签中注明所含兽药成分名称、含量、适用范围、停药期规定及注意事项等。

农业部已批准的用于防治动物疫病，并规定疗程，仅是通过混饲给药的饲料药物添加剂，包括预混剂或散剂品种，其产品批准文号须用“兽药字”。各畜禽养殖场及养殖户须凭兽医处方购买、使用，所有商品饲料中不得添加。

十、正确选购兽药方法

(1)购买(使用)时外包装没破损、脏乱的产品。

(2)有正规的产品批准文号的产品。

(3)选购注射剂应选清亮透明，没有沉淀或混浊者；选购片剂应选完整无损、光滑成形的产品。

(4)对症下药选产品，不可滥用、乱用药品。

(5)必须有兽医指导或开出处方，按方购买。

(6)注意生产日期，选择有效期内的产品。

第三节　兽药管理

一、盐酸克伦特罗(瘦肉精)的危害

人食用残留了盐酸克伦特罗的肉食品后，会发生不同程度的中毒，重症者会出现头晕、恶心、呕吐、肌肉震颤、心慌和气短等症状。若是患高血压、心脏病、甲状腺功能亢进和青光眼等病人中毒后，可能引起死亡。

二、激素类药物残留对人的危害

激素可以用于动物的疾病防治与使家畜同步发情，也可以促进动物生长与增重。为了育肥的目的，在饲料中长期大剂量添加

激素类药物,后果是十分严重的。残留在肉食品中的激素,通过食物链进入人体后,会明显影响人体的激素平衡,引起致癌、致畸,如己烯雌酚曾引起女童早熟、子宫癌及男性的女性化;有的引起机体水、电解质、蛋白质、脂肪和糖代谢紊乱等。

三、动物产品中兽药残留量检测主体

国务院兽医行政管理部门,应当制订并组织实施国家动物及动物产品兽药残留监控计划。

县级以上人民政府兽医行政管理部门,负责组织对动物产品中兽药残留量的检测。兽药残留检测结果,由国务院兽医行政管理部门或者省、自治区、直辖市人民政府兽医行政管理部门按照权限予以公布。

动物产品的生产者、销售者对检测结果有异议的,可以自收到检测结果之日起7个工作日内向组织实施兽药残留检测的兽医行政管理部门或者其上级兽医行政管理部门提出申请,由受理申请的兽医行政管理部门指定检验机构进行复验。

兽药残留限量标准和残留检测方法,由国务院兽医行政管理部门制定发布。

四、兽药和兽药残留处罚规定

(一)违规使用兽药的处罚

违反《兽药管理条例》规定,未按照国家有关兽药安全使用规定使用兽药的、未建立用药记录或者记录不完整、不真实的,或者使用禁止使用的药品和其他化合物的,或者将人用药品用于动物的,责令其立即改正,并对饲喂了违禁药物及其他化合物的动物及其产品进行无害化处理;对违法单位处1万元以上5万元以下罚款;给他人造成损失的,依法承担赔偿责任。违反《兽药管理条例》规定,兽药生产、经营企业把原料药销售给兽药生产企业以外的单位和个人的，或者兽药经营企业批零销售原料药的，责令其立即改正，给予警告，没收违法所得，并处2万元以上5万元以下罚款；情节严重的，吊销兽药生产许可证、兽药经营许可证；给他人造成损失的，依法承担赔偿责任。

（二）药物残留超标的处罚

违反《兽药管理条例》规定，销售尚在用药期、休药期内的动物及其产品用于食品消费的，或者销售含有违禁药物和兽药残留超标的动物产品用于食品消费的，责令其对含有违禁药物和兽药残留超标的动物产品进行无害化处理，没收违法所得，并处3万元以上10万元以下罚款；构成犯罪的，依法追究刑事责任；给他人造成损失的，依法承担赔偿责任。

（三）添加激素类药品和国家规定的其他禁用药品的处罚

违反《兽药管理条例》规定，在饲料和动物饮用水中添加激素类药品和国务院兽医行政管理部门规定的其他禁用药品，依照《饲料和饲料添加剂管理条例》的有关规定处罚；直接将原料药添加到饲料及动物饮用水中，或者饲喂动物的，责令其立即改正，并处1万元以上3万元以下罚款；给他人造成损失的，依法承担赔偿责任。

第六章　动物检疫基本知识

动物检疫是指为了预防、控制和扑灭动物疫病，促进养殖业发展，保护人体健康，维护公共卫生安全，由法定的机构、法定的人员，依照法定的检疫程序、项目、标准、方法和对象，对动物、动物产品进行检查、定性和处理的一项强制性的技术行政措施。《动物防疫法》和《行政许可法》是实施动物检疫的基本法律依据。

第一节　概　　述

一、动物检疫的内涵

（一）动物检疫是一项强制性的行政措施

动物检疫是各级动物卫生监督机构的一项法定职能，来自于法律、法规的授权，同时又是一项行政措施，符合《行政许可法》的基本规定。作为管理相对人的动物饲养经营者及动物产品生产经营者，接受动物检疫和防疫监督是法律规定的义务，拒绝检疫或防疫监督，则要承担相应的法律责任。

（二）动物检疫是一项法定的技术工作

动物检疫主要是通过规定的检查程序、项目、标准、方法和检疫对象，确定被检查的动物是否感染国家规定的动物疫病，或者被检查的动物产品是否出自健康的动物，是否存在传播动物疫病的风险，并据此做出相应的处理。所有这些都有明确的法律、法规或规章的规定，不是现场检疫人员可以随意确定的。为此，动物检疫既有技术方面的内容又不同于一般意义上的技术工作。

(三)动物检疫是公共安全保障系统的重要组成部分

动物检疫所称动物产品中很大部分是人类食用动物源性食品的来源，其质量状况与人类食品安全密切相关，其中疫病问题是极为重要的方面。动物检疫的任务：一是及时发现和处理染疫动物及其产品，消除疫源，切断动物疫病的传播；二是确保合格的动物及产品的流通，保障人民生活需要。所以，动物检疫工作直接关系到公共卫生安全，是依法构筑公共卫生安全的第一道防线。

二、动物检疫的特点

(一)法定性

动物检疫是由法律法规规定的技术行政措施，为此具有鲜明的法定性。

1.法定的主体　即动物卫生监督机构。按照《动物防疫法》的规定和国家关于畜牧兽医管理体制的总体要求，动物检疫的职能由各级动物卫生监督机构承担。

2.法定的人员　即动物卫生监督机构内具备规定的资格条件并经兽医主管部门任命，依法取得规定资格的人员。

3.法定的标准和办法　即关于动物检疫的国家标准和国务院兽医主管部门规定的行业标准及管理办法。

4.法定的检疫对象　即在动物检疫方面国务院兽医主管部门确定的特定动物疫病。

5.法定的处理方式　即动物检疫结果的确定和处理都要依照法律法规的规定执行，如合格的出具检疫证明，不合格的进行无害化处理等。

(二)强制性

国家对动物检疫实行申报制度。屠宰、出售或者运输动物以及出售或者运输动物产品前，货主应当向当地动物卫生监督机构主动申报检疫，接受检疫和防疫监督，这是法律规定的管理相对人的一项义务，如果义务人不执行相应的法律规定，则要承担相应的法律责任。

(三)权威性

实施主体具有权威性。动物卫生监督机构依照国家法律授权承担动物检疫和检疫监督职能，依照法律规定处理检疫结果和违法行为人。动物卫生监督机构实施动物检疫和检疫监督，处理检疫结果和违法行为人，其行为一经做出就具有法律规定的权威性。

官方兽医具有权威性。官方兽医须按照法定程序任命，取得法律赋予的职权。其开展动物检疫的行为受法律保护，出具的检疫合格证明，在规定的时限和区域内具有法定效力。

(四)科学性

动物检疫的过程，不仅是发现和控制动物疫病的过程，更是确认合格动物和动物产品合格或者不合格，确保健康无疫的动物和动物产品上市流通的过程。动物检疫是一项技术性很强的工作，客观真实是最起码的要求。从动物检疫程序的制定到检疫的组织实施，从动物检疫标准的制定到具体的检疫行为，从检疫的技术操作到检疫结果的确定，都要建立在科学的基础之上。强调动物检疫的科学性，首先是坚持检疫标准的同一性，摒弃主观因素对检疫工作的干扰。其次是完善检疫的技术手段，提高检疫的水平和质量，用科学性促进公正性。

三、动物检疫的对象

动物检疫对象，是指国务院兽医主管部门依照法律授权，根据我国动物防疫工作的实际需要和技术条件，确定并公布的需要检疫的特定动物疫病。

检疫对象应当符合四个方面的特征：①列入《一类、二类、三类动物疫病病种名录》；②是国家重点防控的动物疫病；③检疫检验的技术成熟；④已经制定出检疫标准或规程。

四、动物检疫的意义

(一)动物检疫是贯彻《动物防疫法》的重要环节

《动物防疫法》规定了经检疫合格的动物、动物产品,由动物卫生监督机构出具检疫合格证明、加盖或加封验讫标志。对不合格的动物、动物产品,要监督做防疫消毒和无害化处理。还规定了国内跨省异地引种的检疫审批、人工捕获野生动物的检疫、参加展览(演出、比赛)动物的检疫等,所有这些检疫活动构成了动物检疫工作的基础。动物检疫是动物和动物产品从产地走向市场的重要环节,没有严格的检疫把关,整个动物防疫工作的链条将会断裂。

(二)动物检疫是防治动物疫病的重要措施

动物检疫可以及时发现染疫动物和病害动物产品,通过消毒和无害化处理从根本上消除动物疫病的危害。同时,通过动物检疫还可以为切断传播途径、保护易感动物免受侵害提供科学的指向,为及时控制和扑灭动物疫情创造条件。所以,动物检疫是整个动物防疫工作的重要内容,是防治动物疫病的重要措施。

(三)动物检疫是保护畜牧业和人体健康的基础工作

世界动物疫情状况及我国畜牧业发展水平,决定了动物防疫形势仍然非常严峻。动物检疫工作既关系到动物疫病的控制,又关系到肉、蛋、奶等上市畜产品的安全,还关系到畜产品的生产和消费。所以,动物检疫是保护畜牧业和人体健康的基础工作,必须引起足够的重视。

五、动物检疫的分类

动物检疫分类的通行做法,是根据动物及其产品的动态和运转形式来确定。我国动物检疫在总体上分为外检和内检两大类。外检主要是指进、出境动物、动物产品的检疫。内检是指我国国内动物、动物产品的检疫。

根据实施检疫的环节，动物检疫可分为产地检疫、屠宰检疫、运输检疫、市场检疫。随着我国动物防疫法律体系的不断完善和兽医行政管理、行政执法、技术支撑体系的形成与发展，运输检疫和市场检疫已纳入了日常动物卫生监管的范畴。为此，动物检疫主要是指产地检疫和屠宰检疫，在动物卫生监管环节还有补检。

所谓补检，是指对已经进入流通环节，但未经检疫的动物、动物产品实施的检疫，以及对证物不符、检疫合格证明失效的动物、动物产品实施的检疫。补检与正常情况下的检疫有所不同，对合格的出具检疫合格证明，对不合格的进行无害化处理，同时还要依据《动物防疫法》及配套法规对违法行为人作出处理和处罚。

六、动物检疫的特别规定

动物检疫的特别规定是指根据被检动物、动物产品的用途及其属性在常规检疫规定的基础上，法律法规另行作出的检疫规定。

(一)国内跨省异地引种检疫规定

加强种用、乳用动物及其产品的检疫管理是保护人体健康和动物疫病防治的重要环节。《动物防疫法》对跨省(自治区、直辖市)引进种用、乳用动物及其精液、胚胎、种蛋，规定了检疫审批和隔离观察等严格措施。

1.引进审批　跨省引进种用、乳用动物及其精液、胚胎、种蛋的，引进单位或个人应当填写《异地引种检疫审批表》，到输入地省级动物卫生监督机构办理检疫审批手续。

2.输出地报检　跨省引进种用、乳用动物及其精液、胚胎、种蛋，输入地省级动物卫生监督机构同意引种的，引进单位或个人持同意引进决定向输出地县级动物卫生监督机构报检。计划引进的种用、乳用动物及其精液、胚胎、种蛋，经输出地动物卫生监督机构检疫合格并取得检疫合格证明方可起运。

3.输入地报验　引进的种用、乳用动物及其精液、胚胎、种蛋运达输入地后，引进单位或个人凭输出地动物卫生监督机构出具的检疫合格证明向输入地动物卫生监督机构报验。

4.隔离观察　引进种用、乳用动物到达饲养场(户)后在当地动物卫生监督机构的监督下隔离观察饲养15～30天，合格的方可种用或乳用。

(二)进入无规定动物疫病区的检疫规定

无规定动物疫病区的动物疫病风险远远低于非无规定动物疫病区的风险。因此，国家对输入到无规定动物疫病区的动物、动物产品，采取更为严格的检疫措施。《动物防疫法》规定，输入到无规定动物疫病区的动物、动物产品，货主应当按照国务院兽医主管部门的规定申报检疫，经检疫合格的方可进入。应当注意的是，输入到无规定动物疫病区的动物、动物产品，在进入无规定动物疫病区前即应当申报检疫。

(三)捕获野生动物的检疫规定

加强对人工捕获的野生动物的检疫管理是阻断疫病在野生动物与家养动物之间传播及由野生动物向人类传播的重要手段。《动物防疫法》规定，人工捕获的可能传播动物疫病的野生动物，应当报经捕获地动物卫生监督机构检疫合格方可饲养、经营和运输。其检疫应当注意四个方面：一是检疫部门是野生动物捕获地动物卫生监督机构，其他部门无此职权；二是捕获野生动物的单位或个人应当主动向捕获地动物卫生监督机构申报检疫；三是检疫合法捕获的野生动物，非法捕获的不予检疫；四是检疫可能传染动物疫病的野生动物，没有可能传染动物疫病的不予检疫。

第二节 产地检疫

一、产地检疫的概念

动物产地检疫，是指动物出售或调运离开饲养、生产场地前进行的检疫，即动物卫生监督机构根据动物饲养经营者报检情况派出检疫人员到场到户实施的现场检疫。动物精液、胚胎、种蛋以及鲜奶、生皮、原毛(绒)、骨、角等动物产品的检疫亦属产地检疫的范畴。《动物检疫管理办法》、《畜禽产地检疫规范》(GB 16549—1996)、《种畜禽调运检疫技术规范》(GB 16567—1996)等法律法规，是开展动物产地检疫的重要法律依据。

二、产地检疫的目的

(一)从源头上防控动物疫病

动物饲养过程中发生的染疫动物及其产品可通过流通环节，造成疫病的远距离、大范围的传播，给养殖业发展和人民身体健康构成威胁。搞好产地检疫工作，可以防止染疫动物、动物产品进入流通环节，把疫病控制和扑灭在动物产地范围内，最大限度地降低其危害性。

(二)促进动物免疫工作全面开展

在产地检疫时，通过查验畜禽养殖档案、《动物免疫证》和畜禽标志，对未按规定进行强制免疫的动物依法实施补免，可以推进计划免疫的实施。产地检疫工作的开展对于贯彻落实动物防疫"预防为主"的方针起着有力的保障和推进作用。

(三)减少流通环节检疫的漏洞

在动物饲养、生产场地实施检疫，能够全面进行询问调查、查看畜禽档案、查验畜禽标志、检验免疫证明、实施临床健康检查和必要的实验室检验，可以最大限度地保证检疫质量，克服了在流通环节进行检疫难以做到科学、准确、及时的弊端。

三、产地检疫的组织实施

县级动物卫生监督机构应当按照合理布局、方便群众的原则，在本单位或派出机构设产地检疫报检处（点），并将全县产地检疫报检处（点）地址、联系人姓名和联系电话编成通讯录，印发给动物饲养场（户）和经营者。报检处（点）应有检疫人员昼夜值班，受理检疫申报工作。接到畜主或经营者报检后，应当及时派出检疫人员到饲养场（户）实施现场检疫。

四、产地检疫的程序和项目

动物产地检疫程序是指动物卫生监督机构在实施产地检疫过程中应当遵循的工作步骤与相关规定。动物产地检疫项目是指动物检疫人员在进行产地检疫时实施的具体内容。

（一）报检

《动物防疫法》规定，国家对动物检疫实行报检制度。《动物检疫管理办法》规定，动物在出售或调出产地前，畜主须向所在地动物卫生监督机构提前报检。供屠宰或育肥的动物提前 3 天，种用、乳用或役用动物提前 15 天，因特殊需要出售、调运或携带的动物可随报随检。

（二）疫情调查

动物产地检疫的疫情调查是指动物卫生监督机构在已掌握本行政区域内无动物疫情的情况下，对申报产地检疫的饲养场（户）的动物发病情况进行调查了解。

1. 询问调查　询问的对象是饲养场（户）负责人、饲养员、当地兽医、村级防疫协助员及行政村负责人等。

2. 查阅兽医材料　查阅饲养场兽医室的动物诊疗登记、兽医处方以及库存药品等情况，从中了解动物疫病的发生情况，掌握违禁兽药、饲料和饲料添加剂的使用以及休药期的时限。

3. 现场查看　主要查看饲养区卫生状况、饲槽中饲料剩余状况、圈舍中动物排出的粪便状态，以及有无病死动物及其尸体处理情况。

（三）查验畜禽档案和畜禽标志

畜禽档案和畜禽标志是动物防疫工作中预防、控制动物重点疫病的重要文书和有效证件，也是动物检疫出证的重要条件。《畜禽标志和养殖档案管理办法》是实施畜禽标志管理和养殖档案管理的重要法律依据。

1. 查验畜禽档案　档案内容包括养殖单位名称、畜（禽）主姓名、动物种类、年（月、日）龄、动物数量、免疫日期、疫苗名称、疫苗生产厂家与批号、动物增减情况、动物死亡及无害化处理情况等。动物疫病预防控制机构以动物饲养场、养殖小区、行政村为基本防疫单位，建立动物防疫档案；畜禽养殖档案分别由饲养场和饲养小区负责填写和保管，基层动物防疫机构负责监管；农村散养户的动物防疫档案由基层动物防疫机构负责填写和统一保管。

2. 查验免疫证明　免疫证明是饲养场（户）饲养的动物实施动物重点疫病强制免疫，免疫监测合格的证明。查验免疫证明可以推动计划免疫、强制免疫的落实。

3. 查验畜禽标志　畜禽标志是指经农业部批准使用的耳标、电子标签、脚环以及其他承载畜禽信息的法定标志物。畜禽标志在产地检疫的实施中具有可追根溯源的作用。

（四）临床健康检查

临床健康检查是动物产地检疫的重要检疫项目，采用兽医临床诊断的方法，观察被检动物的各种表现是否正常，外观有无明显病症，检测被检动物体温、脉搏、呼吸是否在正常生理指标范围内。产地检疫是以检疫规范为依据对动物进行临床健康检查，确认被检动物是否健康。检查方法为群体检查和个体检查。

1.群体检查　检查时，对同一饲养场（户），或同一批、同一种类的动物划为一个群，或以圈舍为一群进行检查。对禽、兔、犬等可按笼、箱划分进行。

（1）静态检查：在动物安静状态下，观察站立或躺卧的姿势、精神、营养、被毛、呼吸和反刍、咀嚼、嗳气等状态，以及有无咳嗽、气喘、呻吟、战栗、流涎、呆立一隅等反常现象。

（2）动态检查：检查动物自由活动或驱赶时的状态。观察起立及行走姿势，有无行走困难、跛行、肢体麻痹、摇晃踉跄、屈背弓腰，排粪排尿姿势，粪尿量、色、形、质等是否正常，有无离群掉队现象。

（3）饮食状态观察：观察动物自然采食、饮水状态，有无停食不饮、少食少饮、想食而不能吞咽等异常状态。

2.个体检查　个体检查对象的确定：一是在群体检查中被剔出来的患病或疑似患病动物，应进行个体临床检查；二是对群体检查中判为无病的动物，还应抽选5％～20％做个体检查。如果发现传染病时应逐头（只）进行个体检查或实验室检验。个体检查运用“看、听、摸、检”四种方法。

（1）看：就是观察动物的外部表现。要求检查者应具有系统检查的习惯和敏锐的观察能力，主要着眼于以下几点：

①看精神外貌、姿态步样。观察动物有无兴奋不安、沉郁、迟钝、低头耷耳、缩颈闭目、垂翅垂尾、弓腰屈背、行动迟缓、步态蹒跚、跛行掉队等情况。

②看被毛、皮肤。观察被毛是否清洁、整齐、有光泽，有无粗乱和脱落现象；皮肤弹性是否良好，有无皮屑、痂皮、充血、出血、结节、肿胀、疹块、水疱、坏死和脓疡；鼻镜或鼻盘是否湿润，有无异常。

③看反刍和呼吸。观察反刍咀嚼、嗳气是否正常，呼吸节律是否均匀，有无喘气咳嗽、张口、吐舌、伸颈、犬坐姿势等异常的表现。

④看可视黏膜。观察眼结膜、鼻黏膜、口腔黏膜是否潮红、苍白、黄染、发绀，有无充血、出血、溃疡、结节、斑痕；舌有无水泡、斑痕和溃疡，以及分泌物性状、颜色、数量等。

⑤看口、鼻、蹄。观察口、鼻、蹄冠、蹄叉、蹄踵周围有无水泡、肿胀、溃疡和坏死。

⑥看粪尿排泄情况。观察粪便颜色、硬度、性状、气味，尿的颜色、尿量、混浊度，有无便秘、腹泻、脓便、血便、血尿等。

(2)听：即直接用耳朵或借助听诊器听取动物发出的音响或内脏器官活动的声音有无异常。

①听叫声。有无呻吟、磨牙、嘶哑、发吭、哮喘等异常声音。

②听咳嗽声。干咳表现为咳声高昂、有力、短小，有时呈连续强咳；湿咳表现为咳声嘶哑无力，断续不畅，常有疼痛感。

③听呼吸音。注意有无肺泡呼吸音、支气管呼吸音增强或减弱，干、湿啰音，以及胸膜摩擦音等病理性呼吸音。

④听胃、肠音。胃(主要是反刍动物的前胃)肠音有无增强、减弱、消失等。

⑤听心音。注意心跳次数，心音强弱，有无节律紊乱及杂音等。

(3)摸：用手触摸动物身体各部位，结合看、听进一步了解被检动物的机能状态。

①摸耳朵、角根。可初步确定体温变化情况。

②摸皮肤。注意皮肤湿度、弹性，皮温有无增高、降低、分布不均和多汗、冷汗等，皮肤有无肿胀、疹块、溃烂，皮下有无气肿、水肿；胸廓和腹部有无敏感区或压疼等。

③摸体表淋巴结。注意淋巴结的大小、形状、硬度和温度、移动性和敏感性等。

(4)其他检查：检测体温、脉搏、呼吸数，检查渗出物、漏出物、分泌物的颜色、性状、性质、气味等。必要时采集排泄物、渗出物、漏出物、分泌物、血液、血清等进行实验室检验。表6-1是一些主要动物的生理指标。

表6-1 主要动物生理指标

动物	体温(℃)	呼吸(次/分)	脉搏(次/分)
猪	38.0～40.0	12～20	60～80
牛	37.5～39.5	10～30	40～80
绵羊	38.0～40.0	12～20	70～80
山羊	38.0～40.5	12～20	70～80
兔	38.5～39.5	50～60	120～140
鸡	40.0～43.0	15～30	120～200
鸭	41.0～42.0	16～30	120～200
鹅	40.0～41.0	12～20	120～200
犬	37.5～39.0	10～30	70～120
水貂	39.5～40.5	40～70	90～180
貉	38.1～40.2	23～43	70～146

(五)实验室检验

实验室检验是动物产地检疫的特殊检疫项目，依照动物检疫管理办法规定，可分为动物检验、动物产品检验两个检疫项目。

1. 动物检验　种用、乳用、役用动物出售或调出饲养、生产场地进行产地检疫时，必须达到实验室检验合格。

2. 动物产品检验　炭疽易感动物的生皮、原毛、绒等产品进行产地检疫时，必须经炭疽沉淀实验合格，或经环氧乙烷消毒；精液、胚胎、种蛋、鲜奶进行产地检疫时，其供体必须达到实验室检疫合格。

(六)检疫结果的判定

1. 动物产地检疫合格标准

(1)被检动物来自规定动物疫病非疫区；

(2)具备有效的免疫证明，规定的重点疫病免疫在有效期内；

(3)临床健康检查合格；

(4)按规定加施畜禽标志的动物具备合格的畜禽标志；

(5)种用、乳用、役用动物达到规定的健康标准或实验室检验合格。

种用、乳用、役用动物须符合以上五项规定，其他动物须符合前四项规定为产地检疫合格。

2.动物产品产地检疫合格标准　被检动物产品来自规定动物疫病非疫区，并达到以下其中一项规定者为产地检疫合格：

(1)动物精液、胚胎、种蛋、鲜奶的供体达到规定的健康标准；

(2)炭疽易感动物的生皮、原毛、绒等产品经实验室检验合格，或经环氧乙烷消毒；

(3)骨、角等产品，按有关规定进行消毒。

(七)检疫结果的处理

检疫结果处理是指动物检疫人员按照法律、法规、规章、检疫标准及检疫管理办法的规定，对经检疫的动物、动物产品，所采取的处理措施。其处理方法必须依法执行，不得任意设定。

1.检疫合格动物、动物产品的处理

(1)检疫合格动物的处理

①县境内车辆调运。检疫人员出具《动物产地检疫合格证明》，并按规定进行车辆消毒。检疫证明有效期一般为1～2天。

②出县境车辆调运。检疫人员出具《出县境动物检疫合格证明》、《动物及动物产品运载工具消毒证明》，并按照规定进行车辆消毒。检疫证明有效期视到达地点所需时间填写，最长不得超过7天。

(2)检疫合格动物产品的处理

①县境内车辆调运。检疫人员出具《动物产品检疫合格证明》,并按规定进行车辆消毒。检疫证明有效期一般为1～2天。

②出县境车辆调运。检疫人员出具《出县境动物检疫合格证明》、《动物及动物产品运载工具消毒证明》,并按照规定进行车辆消毒。检疫证明有效期以运抵地点所需时间为限,最长不得超过30天。

2. 检疫不合格动物的处理

(1)检疫不合格动物的处理

①强控措施。发现患有重点疫病染疫或者疑似染疫动物、当地新发疫病的染疫动物或来自疫区的易感动物,应立即采取强制隔离控制措施,防止其随意流动造成疫情扩散。

②报告疫情。发现上述动物及时向当地动物卫生监督机构报告疫情,由县以上动物卫生监督机构按照规定程序实施封锁、扑杀、强免、消毒等相应防疫措施。

③隔离观察。经检疫一时难以判定结果的非重点疫病可疑患病动物,可采取隔离观察的措施。隔离观察期间,应进行临床会诊或实验室检验,按照确诊情况采取相应防疫措施。

④补免。对临床检查健康,未按规定进行强制免疫或强制免疫时间超过有效期的动物,应当进行补免,15天后进行检疫。

⑤消毒。对接触过染疫动物的场所、圈舍、用具及有关物品都要按规定进行防疫消毒。

(2)检疫不合格动物产品的处理

①查封产品。发现来自疫区的相关动物产品,立即进行就地查封或扣押,报告当地动物卫生监督机构,由县以上动物卫生监督机构按规定程序采取销毁、消毒等相应的防疫措施。

②查处供体。动物精液、胚胎、种蛋及鲜奶其供体实验室检验不合格的,由县以上动物卫生监督机构按规定程序对产品采取销毁、消毒等相关防疫措施,并对其供体采取相应防疫措施。

③销毁产品。炭疽易感动物的生皮、原毛、绒等产品,实验室检验不合格的,按防疫规定进行销毁处理。

第三节 屠宰检疫

一、屠宰检疫概述

屠宰检疫是保证人民食肉安全和身体健康,保护畜牧业健康发展的重要行政执法工作。《动物检疫管理办法》、《畜禽屠宰卫生检疫规范》(NY 467—2001)、《病害动物和病害动物产品生物安全处理规程》(GB 16548—2006)是实施屠宰检疫的重要法律依据。

(一)屠宰检疫概念

屠宰检疫是指动物卫生监督机构在屠宰厂(场)对活体动物和宰后动物实施的检疫。屠宰检疫包括对动物屠宰前进行的活体健康检查和对动物屠宰后的肉、脂、脏器、头、蹄等的检疫,即宰前检疫和宰后检疫两个部分。屠宰检疫实行驻厂(场)检疫,应当与屠宰加工同步实施,即由当地动物卫生监督机构向辖区内的畜禽屠宰厂(场)派驻或派出检疫员,由检疫员在屠宰场实施与屠宰工艺流程相同步的检疫。

(二)屠宰检疫的目的和作用

屠宰检疫的目的是通过检疫发现染疫动物或染疫动物产品,依法进行防疫监督和无害化处理,保证动物产品卫生质量,防止动物传染病、寄生虫病传播扩散,维护人体健康,保护养殖业生产。

其作用有以下三个方面：

1.保证动物产品的卫生质量　防止动物产品携带寄生虫、致病微生物，保证动物产品食用和生产的卫生安全，保护消费者、经营者的合法权益。

2.促进动物疫病的预防与控制　实施宰前检疫监督，促使动物生产经营者主动接受检疫，推动动物产地检疫工作的开展，促进动物疫病计划免疫和强制免疫的落实，推进防检结合、以检促免、以监保检的动物防疫工作良性运行机制的建立。

3.掌握动物疫病动态　进行动物屠宰检疫和抽样监测，可以及时掌握动物疫病动态，分析动物疫病的发生发展规律，为制定动物疫病防制规划和防疫计划提供可靠的科学依据。

（三）屠宰检疫的组织与实施

1.组建屠宰检疫队伍　动物卫生监督机构应当抽调专职检疫员负责屠宰检疫，在规模化屠宰厂（场）建立驻厂（场）检疫办公室，以保证检疫工作的开展。

2.配备必要的检疫仪器和设备　动物卫生监督机构应当为屠宰检疫提供仪器设备，根据检疫项目、标准、方法和检疫对象，确定检疫仪器的种类和数量，能够保障检疫工作按规定开展。

3.建立检疫岗位责任制　按照动物检疫国家标准、行业标准、检疫管理办法和检疫对象的规定，制定屠宰检疫岗位技术规程，依此进行检疫岗位监督检查和考核，保证屠宰检疫达到规定的卫生质量要求。

4.建立屠宰检疫登统计制度　屠宰检疫至少应当建立五种登计统计：①入厂（场）检疫登记；②宰前检疫登记；③同步检疫登记；④无害化处理登记；⑤屠宰检疫月统计。

5.建立屠宰检疫管理工作制度　主要有屠宰检疫工作日志、

检疫监督检查、检疫岗位考核、检疫人员考勤和专业学习等工作制度。

(四)屠宰检疫岗位设置

屠宰检疫岗位设置应当适应屠宰加工工艺流程要求，对宰前管理、宰前检疫、同步检疫、无害化处理、验讫出证等环节实施检疫与监督，保证屠宰检疫、检验落实到位，确保肉品检疫质量。

生猪屠宰检疫岗位可参照以下岗位设置：

岗位(1)设置在生猪屠宰厂（场）生猪进厂(场)大门口，负责对送宰生猪验证查物，实施待宰生猪入厂(场)检疫监督。

岗位(2)设置在待宰圈，负责入厂(场)生猪宰前停食管理和宰前检疫。

岗位(3)～(6)设置在屠宰车间的前段至中段，分别负责头蹄检疫、内脏检疫、胴体检疫、寄生虫检疫。

岗位(7)～(9)设置在屠宰车间的后段，分别负责合格产品的复检、加施检疫标志、出具检疫证明。

岗位(10)设置在隔离圈，负责对进入隔离圈的生猪实施隔离观察、疾病诊断。

岗位(11)设置在实验室，负责对各检疫岗位检出的不合格生猪及产品进行实验室检验，确定无害化处理方法。

岗位(12)～(14)设置在无害化处理部位，分别负责染疫动物、病害动物产品的高温处理、化制处理、销毁处理。

(五)屠宰检疫程序设定

屠宰检疫程序设定应当符合《畜禽屠宰卫生检疫规范》(NY467—2001)的规定和要求。生猪屠宰检疫程序见图 6-1。

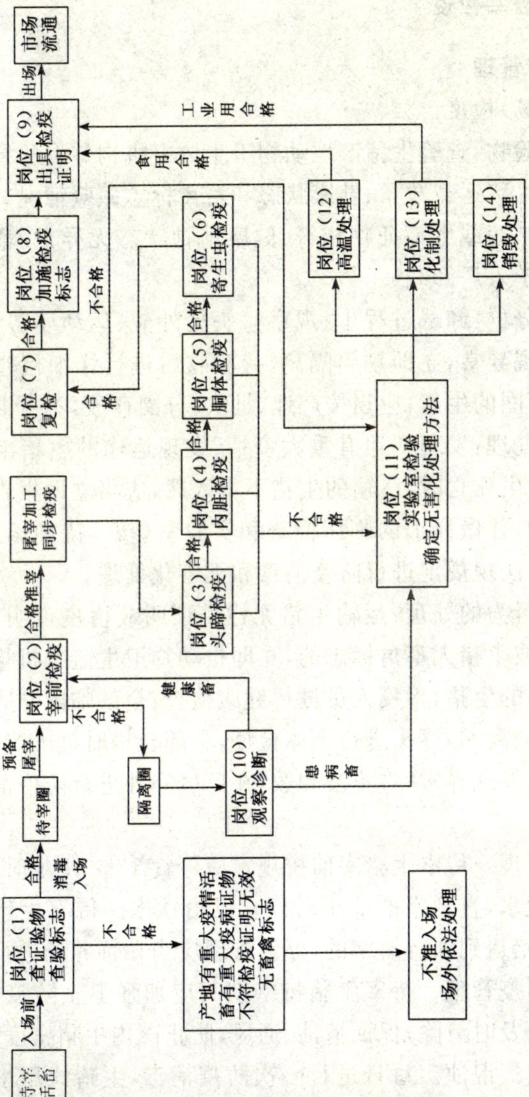

图 6-1　生猪屠宰检疫程序示意图

二、生猪屠宰检疫

（一）宰前管理

1. 入厂（场）检疫

（1）查证验物：查验生猪产地动物卫生监督机构签发的检疫合格证明，检查生猪运载数量、健康状态和畜禽标志佩戴情况。检疫合格证明有效、运载生猪证物相符、健康精神状态无异常、畜禽标志齐全的，准予入厂卸载。

（2）病健分群：卸载过程中，观察每头猪外貌、运动姿势、精神状况等，如发现异常，立即剔出隔离，待验收后进行详细检查和处理。赶入待宰圈的生猪，应当按产地、批次，分圈存放，不可混杂。

（3）疫情处理：发现产地有重大疫情、发现运输的生猪染疫或疑似染疫或发生死亡时，运输的生猪不得入厂，应当立即报告动物卫生监督机构，并做详细的临床检查和实验室诊断，待确诊后，按动物防疫法律法规规定进行防疫消毒和无害化处理。

（4）违规行为的处理：运输生猪无检疫证明或检疫证明无效，或证物不符，或生猪无畜禽标志的，立即报动物卫生监督机构立案查处。对运输的生猪，检疫人员进行健康检查，全部临床健康时准予卸下，赶入隔离圈，逐头进行个体检疫，全部合格时赶入待宰圈。检查运载生猪发现异常时，不准卸载，在厂（场）外进行防疫消毒和其他处理。

2. 停食管理　待宰生猪宰前按规定应停食 12～24 小时，但应保证充分的饮水，直到宰前 3 小时停止供给饮水。待宰生猪不进入待宰圈，生猪运到即行屠宰的，停食管理应当在饲养场进行。

3. 卫生防疫管理　待宰生猪待宰期间应加强卫生防疫管理，圈舍内粪便要及时清除，保证清洁、通风，防止圈内生猪密度过高，造成拥挤和空气混浊。每日进行一次防疫消毒，生猪饮用水应符合卫生标准，生猪屠宰加工前应进行淋浴净体。

(二)宰前检疫

生猪宰前检疫,重点在于发现口蹄疫、猪水泡病、猪瘟、猪丹毒、猪肺疫、炭疽、猪链球菌病、猪蓝耳病。其检查方法同产地检疫。

(三)宰前检疫结果的处理

待宰生猪经宰前检疫,应根据检疫结果作如下处理。

1.准宰 经检疫确定为健康的生猪准予屠宰,检疫人员签发准宰通知书。

2.禁宰 禁宰生猪须采取不放血的方法扑杀并进行销毁,检疫员出具无害化处理通知书,监督畜主按规定的方法进行无害化处理。

(1)发现或疑似口蹄疫、猪水泡病的病猪及同群猪,发现猪瘟病猪及同群的生猪一律禁止屠宰,立即报告动物卫生监督机构,采用不放血的方法扑杀,进行销毁和防疫消毒。

(2)发现患炭疽的生猪一律不准屠宰,立即报动物卫生监督机构,采用不放血的方法扑杀,进行销毁和防疫消毒。

注射炭疽疫苗的动物须经14天方可屠宰,制造抗炭疽血清用过的动物不得作为食用。

(3)发现患狂犬病的生猪不得屠宰,立即报动物卫生监督机构,采取不放血方法扑杀,进行销毁和防疫消毒。

(4)发现患布鲁氏菌病、日本血吸虫病、弓形虫病、囊尾蚴病的生猪不得屠宰,采取不放血方法扑杀,进行销毁和防疫消毒。

3.急宰 为减少经济损失,对患有无碍食肉卫生安全的普通病的生猪,以及确诊为炭疽、狂犬病、布鲁氏菌病、日本血吸虫病、弓形虫病、囊尾蚴病生猪的同群猪,须进行急宰。急宰生猪的胴体、内脏均须作高温处理。

4.缓宰 宰前检疫疑似为一般传染病而未确诊的生猪,确诊为可治愈疾病的生猪,应予缓宰。

(四)屠宰同步检疫

生猪屠宰同步检疫是指生猪屠宰过程中,对同一头屠畜的胴体、内脏、头、蹄(皮张)进行的同时、等速、对照的集中检疫。对屠畜按屠宰顺序统一编号,同一屠畜的胴体、内脏、头、蹄(皮张)张贴同一号码,以便发现问题时进行对照检验。

生猪屠宰同步检疫的程序为头蹄检疫、内脏检疫、胴体检疫、寄生虫检疫及复检等步骤。

1. 头蹄检疫　重点检查有无口蹄疫、猪水泡病、炭疽、结核病等疫病的典型病变。

(1)触检颌下淋巴结:生猪屠宰致昏后放血之前,触检颌下淋巴结,检查有无肿胀。

(2)视检鼻唇:检查鼻镜、口唇部有无水泡、溃疡、结节等。

(3)视检蹄部:检查蹄冠、蹄叉、蹄踵部位皮肤有无水泡、溃疡灶。

(4)剖检颌下淋巴结:剖检目的是检验猪的局限性炭疽和结核病。这一操作须在生猪屠宰放血之后,入烫池之前进行。猪颌下淋巴结剖检术见图 6-2。

(5)剖检咬肌:可在胴体检疫时进行。

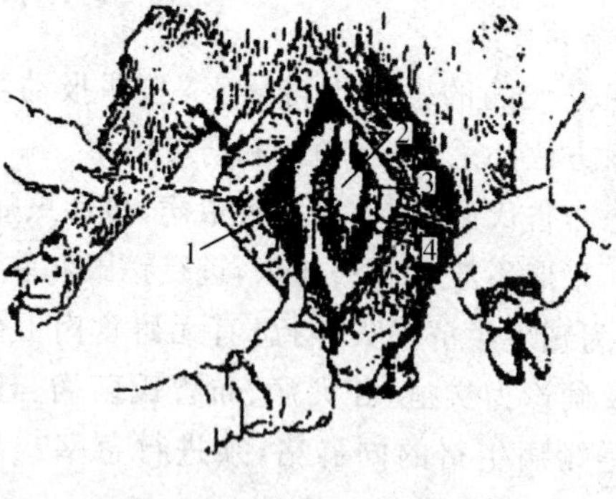

图 6-2　颌下淋巴结剖检术式图

1. 咽喉头隆起　2. 下颌骨角

3. 颌下腺　4. 颌下淋巴结

2. 内脏检疫

(1)“红下水”检疫：肺脏、心脏与肝脏称为红下水，解体后连在一起，进行宰后检疫。

①剖检肺脏。观察色泽、形态、大小是否正常，触检其弹性，有无结节硬块等，然后剖检左右支气管淋巴结。剖检目的是了解肺脏、气管、食道被感染情况。猪右支气管淋巴结与尖叶淋巴结的剖检术见图 6-3。

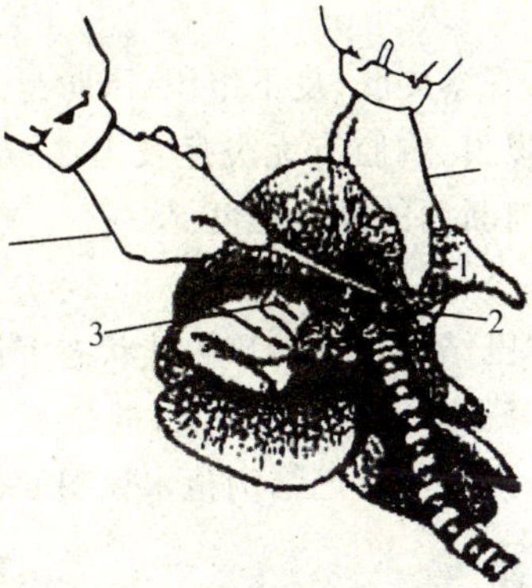

图 6-3　右支气管淋巴结与尖叶淋巴结的剖检术式图

1. 右肺尖叶　2. 尖叶气管淋巴结

3. 右支气管淋巴结

②剖检心脏。观察心包及心包液有无变化；心脏的形态、大小及表面性状变化，如冠状沟脂肪量及性状；心外膜有无炎性渗出物、纤维化，有无囊尾蚴寄生等。剖检目的是了解有无慢性猪丹毒、其他疾病感染及囊尾蚴寄生。猪心脏剖检法见图 6-4。

③剖检肝脏。观察肝脏大小、形状、实质、颜色。必要时切开检验，检查血液擦过量、切面颜色、有无隆突、小叶性状、病灶变化及肿瘤、寄生虫等。观察胆囊、胆管变化。注意不能切破胆囊，然后剖检肝淋巴结。剖检目的是了解肝脏、十二指肠的被感染状况。

(2)"白下水"检疫：胃、肠及脾脏解体后连在一起，进行宰后检疫。也可在屠体挑胸剖腹后，在脏器解体之前先进行肠系膜淋巴和脾脏检疫。

①感官检查。胃、肠及脾脏的浆膜面有无出血、水肿、化脓、溃疡、坏死、梗死等病变。

②剖检肠系膜淋巴结。观察淋巴结有无肿胀、出血、周围组织有无胶样浸润。

3. 胴体检疫

(1)一般视检：观察皮肤、皮下组织、脂肪组织、肌肉组织颜色，有无出血点；观察腹膜、胸腔有无炎症及出血；观察浅在血管中血液的潴留程度、肌肉断面的潮湿程度。

(2)剖检部位

①腹股沟浅淋巴结。位于肉尸倒挂状态下最后一个乳头稍上方，1～2 寸处的皮下脂肪层中。剖检目的是了解后半部躯体以及后肢被感染情况。猪腹浅淋巴结剖检术如图 6-5 所示。

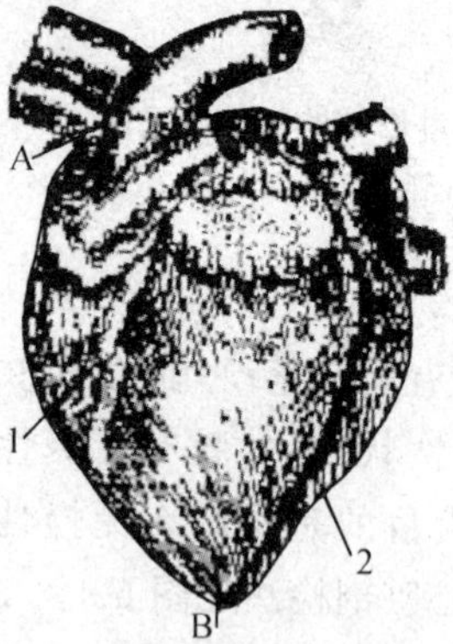

图 6-4　猪心脏剖检法示意图

1. 纵沟——检肉钩着钩处

2. AB 线是纵剖心脏的切线

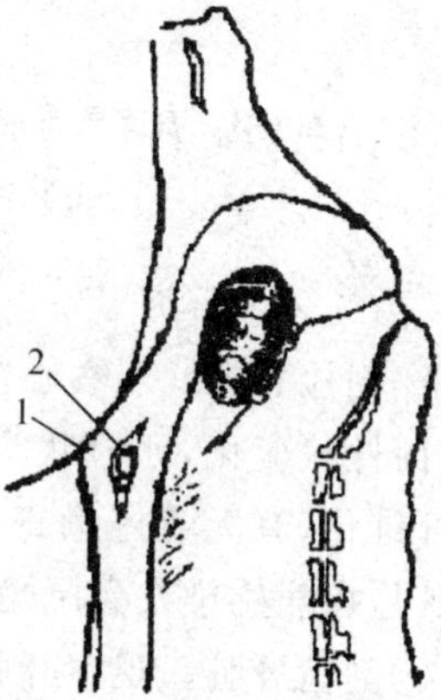

图 6-5　猪腹浅淋巴结剖检术式图

1. 检肉钩着钩处　2. 腹浅淋巴结

②股内侧肌。位于股部内侧皮下，是以内收肌群为主构成的远体端为顶角的三角形肌肉组织。剖检目的是检查有无囊虫感染寄生。

③髂内淋巴结。在倒数第1、2腰椎结合处，与脊柱呈30°～45°斜向上方，可找到髂内淋巴结和腹股沟深淋巴结。剖检目的是了解后半部躯体深部组织感染情况。

④腰肌。位于屠体腰部脊柱腹侧，腰椎椎体的两旁及膈肌脚的外侧。剖检目的是检查有无囊尾蚴寄生。猪腰肌剖检术如图6-6所示。

⑤肾脏。呈扁长椭圆形，位于前四个腰横突的腹侧，在腹膜外，脂肪囊内。剖检目的是了解肾脏被感染及寄生虫寄生情况。猪左侧肾脏剥离肾包膜术见图6-7。

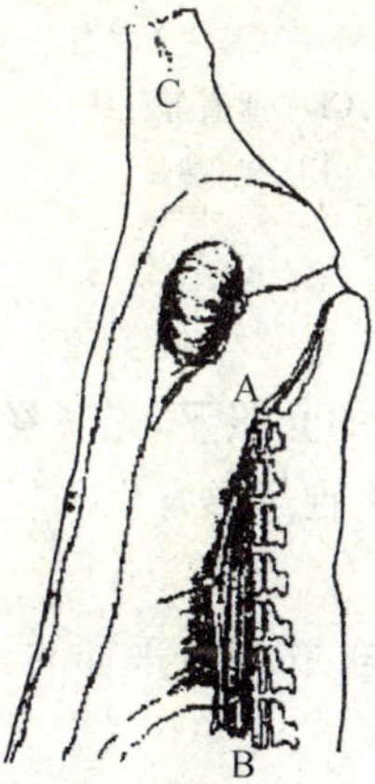

图 6-6　猪腰肌剖检术式

AB 为切开腰肌的切线

C 为被切开的腰肌

图 6-7　猪左侧肾脏剥离肾包膜术式图

1. 检疫肉钩牵引及转动的方向

2. 刀尖挑拨肾被膜切口的方向

⑥肩前淋巴结(颈浅背侧淋巴结)。活畜位于肩关节前上方,肩胛横突肌和斜方肌的深面,颈下锯肌的外侧。剖检目的是了解头部与躯体前半部被感染情况。必要时增检颈深后淋巴结、腘淋巴结。猪颈浅背侧淋巴结剖检术见图6-8。

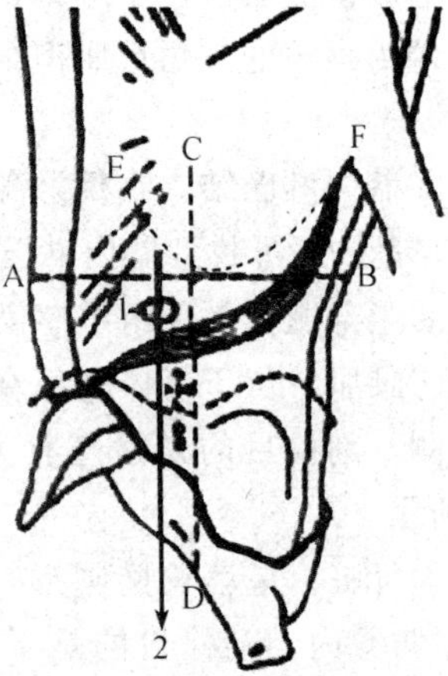

图6-8 猪颈浅背侧淋巴结剖检术

1.颈浅背侧淋巴结 2.切口线

AB—颈基底部宽度

CD—垂直等分线

EF—肩端弧线

⑦咬肌。位于下颌骨下颌支的外侧,呈扇形。剖检目的是观察有无囊尾蚴寄生。必要时增检肩胛外侧肌。

⑧膈肌脚采样。膈肌脚系指横膈膜附着在腰部的肌质部分。用检疫刀割取膈肌脚,每侧各30克。检验有无旋毛虫、住肉孢子虫寄生。

4.寄生虫检疫

(1)目检:撕去膈肌脚的肌膜,在充足的光照下,先观察肌肉表面,再剪开肌肉检查深处有无旋毛虫、住肉孢子虫寄生。

(2)镜检

①剪取肉样。用手术剪顺肌纤维方向,按随机采样的要求,自膈肌脚上剪取24粒麦粒大小的肉样。

②压片。将剪取肉样均匀摆放,每块载玻片摆放12粒;在摆放好肉样的载玻片上盖上一个载玻片,用手指适度压迫载玻片,将肉样压薄至能透过肉片看清书报上的字体。

③检验。用低倍显微镜,从压片一端第一块肉片开始,依次观察,直到另一端的最后一块肉片为止。

5.复检:为确保生猪屠宰检疫质量,最大限度地防止病害肉品出厂,屠畜宰后经过头蹄检疫、内脏检疫、胴体检疫、寄生虫检疫等环节的检疫后,还须进行一次全面复检,即生猪屠宰过程的终点检疫。

复检的主要任务是查验屠宰检疫各检疫点的检验结果,对屠畜胴体的卫生质量进行综合判定,一是对检疫合格的肉品及其他产品予以确认通过;二是对被检出病害肉品提出无害化处理方法;三是对被检出的可疑病变作出判定和评价,必要时可以辅助实验室检验。

(五)宰后检疫结果的处理

1.检疫合格产品的处理　检疫合格产品准予出厂(场)进入流通环节,由检疫人员作如下处理:

(1)胴体加盖检疫验讫印章;

(2)分割产品使用加印检疫标志的包装袋或在包装袋上加贴检疫标志;

(3)出具产品检疫合格证明。

2.发现动物疫病的处理　发现动物疫病时,应根据不同疫病采取不同的处理措施。

(1)发现口蹄疫、猪水泡病、猪瘟时,按以下方法处理:

①立即停止生产,封锁现场;

②生产车间彻底清洗、严格消毒;

③立即向当地动物卫生监督机构报告疫情;

④病畜胴体、内脏及其他产品作销毁处理;

⑤同批产品及副产品作销毁处理;

⑥各项处理措施经动物卫生监督机构检查合格后方可恢复生产。

(2)发现狂犬病、炭疽时,按照以下方法处理:

①执行上述①②③④项处理方法;

②同批产品及副产品做高温处理；

③执行上述⑥项处理方法。

(3)发现布鲁氏菌病、弓形虫病、结核病、日本血吸虫病时，按以下方法处理：

①执行上述①②③④项处理方法；

②同批产品及副产品中与病畜产品相邻的前3后5作高温处理，其余按正常产品出厂。

(4)发现上述传染病之外的(不包括国内未发现的)传染病时，根据疾病的危害性对病畜胴体、内脏及其他副产品作相应处理。

(5)发现寄生虫的处理

①发现囊尾蚴和钙化的虫体，屠畜全尸作化制或销毁处理。

②发现旋毛虫包囊或钙化虫体，屠畜头、胴体、心脏作化制或销毁处理。

③发现住肉孢子虫，屠畜全尸作高温或销毁处理。

④发现上述寄生虫之外的寄生虫，作如下处理：

a.病变严重，肌肉有退化性变化，屠畜胴体和内脏作化制或销毁处理；

b.病变轻微，剔除病变部分作化制或销毁处理，其余部分高温处理后出厂(场)。

(6)发现肿瘤时，作如下处理：

①在一个器官发现肿瘤，胴体不瘠瘦，患病器官作化制或销毁处理，其余部分高温处理；胴体瘠瘦或肌肉有病变的全尸化制或销毁。

②两个或两个以上器官发现肿瘤病变，屠畜全尸作化制或销毁处理。

③确诊为淋巴肉瘤、白血病或鳞状上皮细胞癌，屠畜全尸作化制或销毁处理。

(7)发现普通病、中毒和局部病损时，按以下规定处理：

①有下列情形之一者，全尸化制或销毁：脓毒症、尿毒症、黄疸、过度消瘦、大面积坏疽、急性中毒、全身肌肉和脂肪变性、全身性出血的屠畜。

②局部有下列病变之一者，割除病变部分作化制或销毁处理，其他部分不受限制出厂（场）：创伤、化脓、炎症、硬变、坏死、寄生虫损害、严重的瘀血、出血、病理性肥大或萎缩，异色、异味及其他有碍卫生的部分。

3. 高温、化制、销毁产品的处理

(1)实验室检疫人员出具无害化处理通知书；

(2)病畜胴体由检疫人员加盖与无害化处理意见相一致的处理印章，并监督畜主在屠宰厂（场）内按规定进行无害化处理；

(3)病变内脏、割除的病害部位，由负责无害化处理的检疫人员监督畜主和厂方在屠宰厂（场）内按规定分别进行无害化处理。

三、禽类屠宰检疫

(一)宰前管理

1. 入厂（场）检疫

(1)查证验物：查验禽类产地动物卫生监督机构签发的检疫合格证明，临车观察禽类装载数量和健康状态。检疫合格证明有效、运载禽类数量证物相符、健康精神状态无异常、禽只无死亡或仅有个别挤死时，准予入厂（场）卸载。

(2)疫情处理：发现产地有重大疫情发生或发现疑似重大疫病或运输禽类发生较多死亡时，运输的禽类不得入厂，立即报告动物卫生监督机构，进行临床诊断和实验室检验。待确诊后，按动物防疫法律法规规定进行防疫消毒和无害化处理。

(3)违规行为的处理：发现运输的禽类无检疫证明、检疫合格证明无效或证物不符的，应当立即报告动物卫生监督机构立案查处，并对运输的禽类进行临车检查。临检无异常的准予卸入隔离圈，进行宰前检疫，检疫合格的予以屠宰；临车检查发现异常的，不准卸载，在厂（场）外进行防疫消毒和其他处理。

2.停食管理　家禽在屠宰前应当有适当时间的停食，鸡鸭为12～24小时，鹅8～16小时。停食期间应供给充分饮水，宰前3小时停止供水。禽类由产地运输到屠宰厂（场）短时间内即进行屠宰的，停食管理应当在禽类养殖场进行。

3.卫生防疫管理　禽类待宰期间应当加强卫生防疫管理，待宰圈内要防止禽只密度过高，及时清除粪便，保持清洁和通风。每日进行一次防疫消毒，禽类饮用水应当符合卫生标准。

（二）宰前检疫

禽类宰前检疫的重点是发现高致病性禽流感、鸡新城疫、鸡传染性法氏囊病、鸡马立克氏病、鸭瘟。

1.群体检查　将禽按种类、产地、入场批次，分批、分圈、分车进行检查。通过对禽群进行静态、动态和饮食状态的观察，以判定家禽的健康状况。

（1）静态检查：在不惊扰禽群的情况下，观察家禽在自然安静状态下的情况。如站立、睡卧和栖立的姿态，精神状况，呼吸状态，羽毛、天然孔、冠、肉髯等的状况，以及对外界事物的反应。发现精神委顿，缩颈垂翅，呼吸急促或困难，肛门周围羽毛上沾有粪便，冠色苍白或青紫色，以及咳嗽等症状的禽只，应剔出作个体检查。

（2）动态检查：注意观察禽的行走姿态，健禽活泼，行动敏捷，平衡矫健，行走时探头缩尾，两翅紧收。病禽则精神委顿，行动迟缓，步态僵硬踉跄，弯颈弓背，翅尾下垂，落后于禽群。发现病态的禽只应剔出作个体检查。

（3）饮食状态检查：在饲喂时仔细观察禽群的摄食饮水状态，看有无不食、少食及吞咽困难等现象的禽只。观察粪便的颜色和干稀状况。发现不食、少食和排稀粪的禽只，应剔出作个体检查。

2.个体检查　经群体检查被剔出的病禽和疑似病禽，应逐只进行个体检查。个体检查的具体方法是看、摸、听、检。

(1)对鸡进行个体检查时,检验人员先以左手握住其两翅根部,先观察头部,注意冠、肉髯和无羽毛处有无苍白、发绀、痘疹,眼、鼻及喙有无异常分泌物等,特别注意有无脚鳞出血。再以右手的中指抵住咽喉部,并以拇指和食指夹压两颊,迫使其张开口,以观察黏液量、口腔与喉头,注意黏膜是否有出血点和有无灰白色伪膜或其他病理变化。摸检嗉囊,探查其充实度及内容物的性质。摸检胸腹部及腿部肌肉、关节等处,以确定有无皮肤肿瘤、关节肿大、骨折、外伤等情况。再将鸡举高,使其颈部贴近检验者的耳部,听其有无异常呼吸音,并触压喉头及气管,诱发咳嗽。还应注意肛门附近有无粪污及潮湿。必要时检测体温。

(2)对鸭进行个体检查时,常以右手抓住鸭的上颈部,提起后夹于左臂下,同时以左手托住锁骨部,然后进行检查。检查的顺序是头部、天然孔、食管膨大部、皮肤、肛门,以及检测体温。

(3)对鹅进行个体检查时,因鹅体较重,不便提起,一般就地压倒进行检查,检查顺序与鸭相同。

禽类不卸入待宰圈,运到即行屠宰的,宰前检疫在运输禽类入厂(场)时实施,入厂(场)检疫合格即可视为宰前检疫合格。

(三)宰前检疫结果的处理

待宰禽经宰前检疫后,应根据检疫结果作如下处理。

1.准宰　经宰前检疫确认健康的家禽,由检疫人员出具该批家禽准宰通知书。

2.禁宰

(1)发现高致病性禽流感病禽或疑似病禽、鸡新城疫病禽时,病禽及同群禽一律禁止屠宰,立即报告动物卫生监督机构,采取不放血的方法扑杀病禽及同群禽,并按防疫规定进行销毁和防疫处理。

(2)发现马立克氏病、小鹅瘟、鸭瘟病禽时,一律禁止屠宰,采取不放血的方法扑杀病禽，并按防疫规定进行销毁和防疫消毒。

3. 急宰　发现患有禽霍乱、传染性法氏囊病、鸡传染性喉气管炎、鸡传染性支气管炎等疾病的家禽时，检疫人员应出具急宰通知书，病禽立即急宰，检疫合格的高温处理马立克氏病、小鹅瘟、鸭瘟病禽的同群禽急宰，检疫合格的高温处理。

4. 死禽的处理　在运输车、船和圈内发现的死禽，大都因疾病而死，或病弱被挤压致死，一律作销毁处理和防疫消毒。确因物理原因致死的禽只，在死后 2 小时内取出内脏经检验肉质良好，其胴体经无害化处理后可供作饲料用。

(四)屠宰同步检疫

禽类屠宰同步检疫是指对禽类屠宰加工过程的检疫与监督，包括吊挂检查、胴体检疫、内脏检疫等环节。

1. 吊挂检查　吊挂是禽类屠宰加工的第一道工序，检疫人员应当在吊挂处对经宰前检疫合格的待宰禽进行屠宰前再检查，剔出病禽及死亡禽只，进行高温或销毁处理。合格的进入屠宰流水线。

2. 胴体检疫

(1)检查体表和头部：在禽类放血、脱毛后，观察体表是否有外伤、水肿、瘀血、化脓及关节肿大等病理变化；检查眼、口腔、鼻腔有无病变；观察体表的清洁度。

(2)检查体腔：

①全净膛。全净膛的家禽，需检查体腔内部有无赘生物、寄生虫及传染病的典型病变，还应检查是否有粪污和胆汁污染。

②半净膛。半净膛家禽，可用特制的扩张器由肛门插入腹腔内，张开后用手电筒或窥探灯照明，检查体腔和内脏有无病变和肿瘤。发现异常者，应剖开检验。

3. 内脏检疫

(1)全净膛家禽内脏检疫：全净膛加工的家禽取出内脏后依次

进行检验。

①肝脏。检查外表、色泽、形态、太小及软硬度有无异常，胆囊有无变化。

②心脏。检查心包膜是否粗糙，心包腔是否积液，心脏是否有出血、形态变化及赘生物等。

③脾脏。是否充血、肿大、变色，有无灰白色或灰黄色结节等。

④胃。检查腺胃、肌胃有无异常，必要时应剖检。剥去肌胃角质层后，检查有无出血、溃疡等。

⑤肠道。视检整个肠管浆膜及肠系膜有无充血、出血、结节，注意小肠和盲肠，必要时剪开肠管检查肠黏膜。

⑥卵巢。母禽还应检查卵巢是否完整，有无变形、变色、变硬等异常现象。

(2)半净膛家禽内脏检疫：半净膛加工的家禽肠管拉出后，按上述全净膛的检疫方法进行体腔内滞留器官的检查。

(五)宰后检疫结果的处理

1.检疫合格产品的处理　检疫合格产品准予出厂(场)进入流通环节，由检疫人员作如下处理：

(1)胴体加盖检疫验讫印章或加施检疫标志；

(2)分割产品使用加印检疫标志的包装袋或在包装袋上加贴检疫标志；

(3)出具产品检疫合格证明。

2.发现动物疫病的处理　发生动物疫病时，应根据不同疫病采取不同的处理措施。

(1)发现高致病性禽流感、鸡新城疫时按以下方法处理：

①立即停止生产，封锁现场；

②生产车间彻底清洗，严格消毒；

③立即向动物卫生监督机构报告疫情；

④病禽胴体、内脏及其他副产品作销毁处理；

⑤同批产品及副产品作销毁处理；

⑥各项处理经动物卫生监督机构检查合格后方可恢复生产。

(2)发现马立克氏病、小鹅瘟、鸭瘟病禽时，病禽胴体、内脏作销毁处理，同批产品作高温处理。

(3)发现禽霍乱、传染性法氏囊病、鸡传染性喉气管炎、鸡传染性支气管炎、结核病禽时，病禽胴体、内脏作高温处理。

(4)发现鸡淋巴细胞性白血病时，病禽胴体、内脏作销毁处理。

(5)发现球虫病、组织滴虫病时，病禽内脏作销毁处理，胴体不受限制出厂(场)。

3. 高温、化制、销毁产品的处理程序

(1)检疫人员出具无害化处理通知书；

(2)高温处理：负责高温处理的检疫人员监督畜主对胴体作高温处理，可食用和作饲料用的胴体应标示清楚，不得混杂摆放；

(3)销毁处理：负责销毁处理的检疫人员监督畜主对应当销毁的胴体、内脏、修割的病害部位进行销毁处理。

第四节　动物检疫证明

一、基本要求

(1)出具检疫证明的机构和人员必须是依法享有出证职权者。

(2)动物检疫证明须按规定签字盖章方为有效。

(3)严格按适用范围出具证明，混用无效。

(4)涂改的证明无效。

(5)证明所列项目要逐一填写，内容简明准确，字迹清晰。

(6)填写方法：二联检疫证明用圆珠笔复写方式填写；单联检疫证明用蓝黑墨水钢笔或碳素笔填写。

(7)除检疫证明的签发日期可用阿拉伯数字填写外，数量、有效期等必须用大写汉字填写。

(8)不得将动物检疫证明填写不规范的责任转借给持证人。

二、动物检疫证明的适用与填写

(一)动物产地检疫合格证明

动物产地检疫合格证明见图 6-9。

动物产地检疫合格证明

畜主：王英　　№ 04548801

动物种类	猪	产地	小集，乡(镇)大韩庄 村		
单　位	头	数量(大写)	壹		
免疫证号	0204504495			用途	饲养

本证自签发之日起 壹 日内有效

动物检疫员(签章) 于波　　单位(章)

注：1.大中动物一头一证；
2.此证仅限县境内使用。

2002 年 7 月 20 日签发

经国家农业部批准印制 (2003)A印

二联 交畜主

图 6-9　动物产地检疫合格证明

适用范围：用于县境内交易、迁移的动物使用；

有效期：一般为 1～2 天，最长不得超过 7 天。

(二)出县境动物检疫合格证明

出县境动物检疫合格证明见图 6-10。

适用范围：限于运出县境的动物使用；

有效期：视运抵到达地点所需时间填写，最长不得超过 7 天。

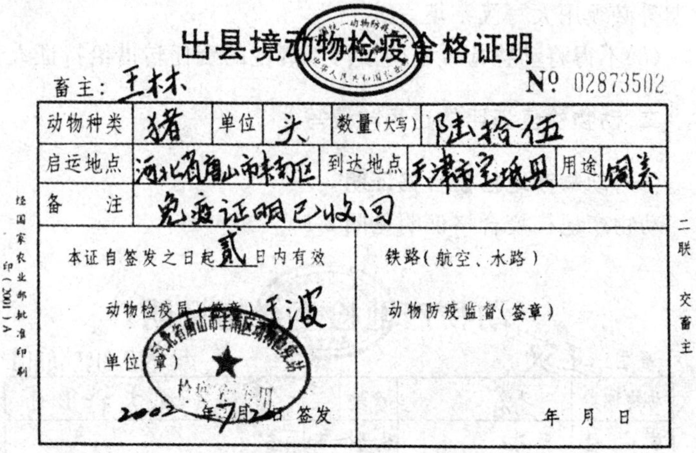

出县境动物检疫合格证明

畜主：王林 №02873502

动物种类	猪	单位	头	数量(大写)	陆拾伍
启运地点	河北省唐山市丰南区	到达地点	天津市宝坻县	用途	饲养
备注	免疫证明已收回				

本证自签发之日起贰日内有效

动物检疫员(签章) 于波

单位(章)

2002年7月20日签发

铁路(航空、水路)

动物防疫监督(签章)

年 月 日

经国家农业部批准印制 印(2001)A

二联 交畜主

图 6-10 出县境动物检疫合格证明

(三)动物产品检疫合格证明

动物产品检疫合格证明见图 6-11。

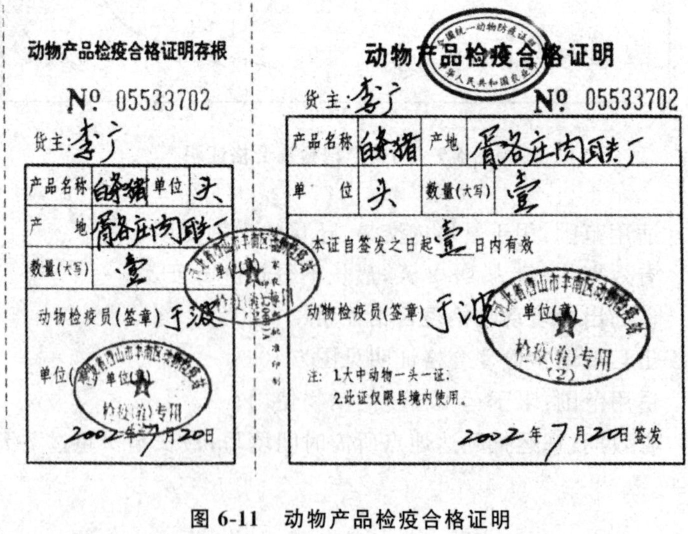

动物产品检疫合格证明存根

№05533702

货主：李广

产品名称	白条猪	单位	头
产地	胥各庄肉联厂		
数量(大写)	壹		

动物检疫员(签章) 于波

单位(章)

2002年7月20日

动物产品检疫合格证明

货主：李广 №05533702

产品名称	白条猪	产地	胥各庄肉联厂
单位	头	数量(大写)	壹

本证自签发之日起壹日内有效

动物检疫员(签章) 于波 单位(章)

注：1.大中动物一头一证；

2.此证仅限县境内使用。

2002年7月20日签发

图 6-11 动物产品检疫合格证明

适用范围：限于县境内交易的动物产品使用；

有效期：一般 1～2 天，最长不得超过 30 天。

(四)出县境动物产品检疫合格证明

出县境动物产品检疫合格证明见图 6-12。

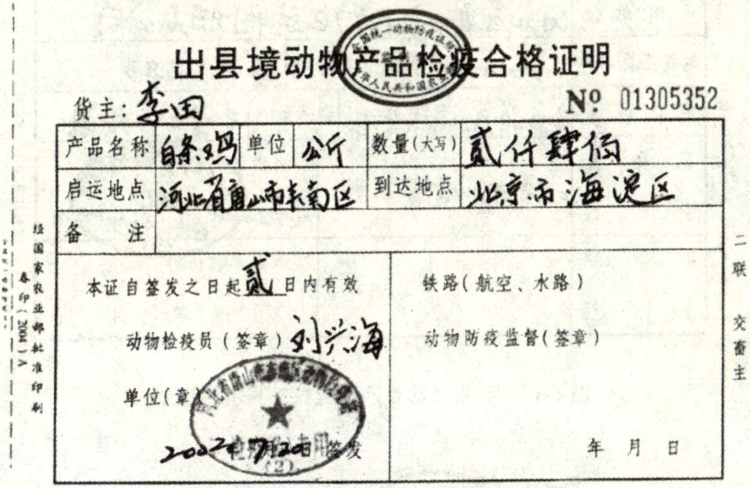

出县境动物产品检疫合格证明

货主：李田　№ 01305352

产品名称	白条鸡	单位	公斤	数量（大写）	贰仟肆佰
启运地点	河北省唐山市丰南区			到达地点	北京市海淀区
备　注					

本证自签发之日起贰日内有效

动物检疫员（签章）刘兴海

单位（章）

2002年7月20日签发

铁路（航空、水路）

动物防疫监督（签章）

年　月　日

二联　交畜主

经国家农业部批准印制

图 6-12　出县境动物产品检疫合格证明

适用范围：限于运出县境的动物产品使用；

有效期：以运抵到达地点所需时间为限，最长不得超过 30 天。

(五)动物及动物产品运载工具消毒证明

动物及动物产品运载工具消毒证明见图 6-13。

适用范围：对运载动物、动物产品的车辆、船舶、机舱等运载工具在装前、卸后消毒合格后，出具此证明。

(六)收费收据

检疫收费，按国家财政部物价局(1992)价费字 452 号文件规定的检疫收费项目和标准收费，出据省级行政事业统一收费票据。

以河北省收费票据为例，如图 6-14 所示。

动物及动物产品运载工具消毒证明

货主：王林　　№ 05087452

承运单位	河北省唐山市丰南区运输服务公司		
运载工具名称	汽车	运载工具号码	冀B B1383
启运地点	河北省唐山市丰南区	到达地点	天津市宝坻县
装运前业经	0.1 消特灵 喷雾 消毒	消毒单位(章) 2002 年 7 月 20 日	
卸货后业经	消毒	消毒单位(章) 年 月 日	

二联 交承运单位

图 6-13　动物及动物产品运载工具消毒证明

河北省行政事业性统一收费票据

缴费单位或个人姓名：于波　　2002 年 7 月 20 日　　№C 9575219

收费项目	计量单位	数量	单价	金额(千百十万千百十元角分)
检疫费	头	10	2	20 00
消毒费	辆	1	8	8 00
合计金额：(大写) 贰拾捌元				¥ 28.-

收费单位：(盖章)　　开票人：(签章) 任芳

注：此票据仅限于行政事业性收费使用

第二联 收据

图 6-14　河北省行政事业性统一收费票据

参 考 文 献

1. 农业部兽医局,中国动物疫病预防控制中心. 动物检疫员手册(2007 版). 北京:中国农业出版社,2008.

2. 王诚,张福林,王桂柱. 畜禽屠宰检疫. 北京:金盾出版社,2007.

3. 王桂柱,姚国安,王诚. 动物产地检疫. 北京:金盾出版社,2007.

4. 张弘,徐百万. 兽医实验室生物安全指南. 北京:中国农业出版社,2006.

5. 徐百万. 动物免疫、采样与监测技术手册. 北京:中国农业出版社,2007.

附录一

中华人民共和国动物防疫法

（1997年7月3日第八届全国人民代表大会常务委员会第二十六次会议通过 2007年8月30日第十届全国人民代表大会常务委员会第二十九次会议修订）

第一章　总　　则

第一条　为了加强对动物防疫活动的管理，预防、控制和扑灭动物疫病，促进养殖业发展，保护人体健康，维护公共卫生安全，制定本法。

第二条　本法适用于在中华人民共和国领域内的动物防疫及其监督管理活动。

进出境动物、动物产品的检疫，适用《中华人民共和国进出境动植物检疫法》。

第三条　本法所称动物，是指家畜家禽和人工饲养、合法捕获的其他动物。

本法所称动物产品，是指动物的肉、生皮、原毛、绒、脏器、脂、血液、精液、卵、胚胎、骨、蹄、头、角、筋以及可能传播动物疫病的奶、蛋等。

本法所称动物疫病，是指动物传染病、寄生虫病。

本法所称动物防疫，是指动物疫病的预防、控制、扑灭和动物、动物产品的检疫。

第四条　根据动物疫病对养殖业生产和人体健康的危害程度，本法规定管理的动物疫病分为下列三类：

（一）一类疫病，是指对人与动物危害严重，需要采取紧急、严厉的强制预防、控制、扑灭等措施的；

（二）二类疫病，是指可能造成重大经济损失，需要采取严格控制、扑灭等措施，防止扩散的；

（三）三类疫病，是指常见多发、可能造成重大经济损失，需要控制和净化的。

前款一、二、三类动物疫病具体病种名录由国务院兽医主管部门制定并公布。

第五条　国家对动物疫病实行预防为主的方针。

第六条　县级以上人民政府应当加强对动物防疫工作的统一领导，加强基层动物防疫队伍建设，建立健全动物防疫体系，制定并组织实施动物疫病防治规划。

乡级人民政府、城市街道办事处应当组织群众协助做好本管辖区域内的动物疫病预防与控制工作。

第七条　国务院兽医主管部门主管全国的动物防疫工作。

县级以上地方人民政府兽医主管部门主管本行政区域内的动物防疫工作。

县级以上人民政府其他部门在各自的职责范围内做好动物防疫工作。

军队和武装警察部队动物卫生监督职能部门分别负责军队和武装警察部队现役动物及饲养自用动物的防疫工作。

第八条　县级以上地方人民政府设立的动物卫生监督机构依照本法规定，负责动物、动物产品的检疫工作和其他有关动物防疫的监督管理执法工作。

第九条　县级以上人民政府按照国务院的规定，根据统筹规划、合理布局、综合设置的原则建立动物疫病预防控制机构，承担动物疫病的监测、检测、诊断、流行病学调查、疫情报告以及其他预防、控制等技术工作。

第十条　国家支持和鼓励开展动物疫病的科学研究以及国际合作与交流，推广先进适用的科学研究成果，普及动物防疫科学知识，提高动物疫病防治的科学技术水平。

第十一条　对在动物防疫工作、动物防疫科学研究中做出成绩和贡献的单位和个人，各级人民政府及有关部门给予奖励。

第二章　动物疫病的预防

第十二条　国务院兽医主管部门对动物疫病状况进行风险评估，根据评估结果制定相应的动物疫病预防、控制措施。

国务院兽医主管部门根据国内外动物疫情和保护养殖业生产及人体健康的需要，及时制定并公布动物疫病预防、控制技术规范。

第十三条 国家对严重危害养殖业生产和人体健康的动物疫病实施强制免疫。国务院兽医主管部门确定强制免疫的动物疫病病种和区域，并会同国务院有关部门制订国家动物疫病强制免疫计划。

省、自治区、直辖市人民政府兽医主管部门根据国家动物疫病强制免疫计划，制订本行政区域的强制免疫计划；并可以根据本行政区域内动物疫病流行情况增加实施强制免疫的动物疫病病种和区域，报本级人民政府批准后执行，并报国务院兽医主管部门备案。

第十四条 县级以上地方人民政府兽医主管部门组织实施动物疫病强制免疫计划。乡级人民政府、城市街道办事处应当组织本管辖区域内饲养动物的单位和个人做好强制免疫工作。

饲养动物的单位和个人应当依法履行动物疫病强制免疫义务，按照兽医主管部门的要求做好强制免疫工作。

经强制免疫的动物，应当按照国务院兽医主管部门的规定建立免疫档案，加施畜禽标志，实施可追溯管理。

第十五条 县级以上人民政府应当建立健全动物疫情监测网络，加强动物疫情监测。

国务院兽医主管部门应当制订国家动物疫病监测计划。省、自治区、直辖市人民政府兽医主管部门应当根据国家动物疫病监测计划，制订本行政区域的动物疫病监测计划。

动物疫病预防控制机构应当按照国务院兽医主管部门的规定，对动物疫病的发生、流行等情况进行监测；从事动物饲养、屠宰、经营、隔离、运输以及动物产品生产、经营、加工、贮藏等活动的单位和个人不得拒绝或者阻碍。

第十六条 国务院兽医主管部门和省、自治区、直辖市人民政府兽医主管部门应当根据对动物疫病发生、流行趋势的预测，及时发出动物疫情预警。地方各级人民政府接到动物疫情预警后，应当采取相应的预防、控制措施。

第十七条 从事动物饲养、屠宰、经营、隔离、运输以及动物产品生产、经营、加工、贮藏等活动的单位和个人，应当依照本法和国务院兽医主管部门的规定，做好免疫、消毒等动物疫病预防工作。

第十八条 种用、乳用动物和宠物应当符合国务院兽医主管部门规定的健康标准。

种用、乳用动物应当接受动物疫病预防控制机构的定期检测；检测不合格的，应当按照国务院兽医主管部门的规定予以处理。

第十九条 动物饲养场（养殖小区）和隔离场所，动物屠宰加工场所，以及动物和动物产品无害化处理场所，应当符合下列动物防疫条件：

（一）场所的位置与居民生活区、生活饮用水源地、学校、医院等公共场所的距离符合国务院兽医主管部门规定的标准；

（二）生产区封闭隔离，工程设计和工艺流程符合动物防疫要求；

（三）有相应的污水、污物、病死动物、染疫动物产品的无害化处理设施设备和清洗消毒设施设备；

（四）有为其服务的动物防疫技术人员；

（五）有完善的动物防疫制度；

（六）具备国务院兽医主管部门规定的其他动物防疫条件。

第二十条 兴办动物饲养场（养殖小区）和隔离场所，动物屠宰加工场所，以及动物和动物产品无害化处理场所，应当向县级以上地方人民政府兽医主管部门提出申请，并附具相关材料。受理申请的兽医主管部门应当依照本法和《中华人民共和国行政许可法》的规定进行审查。经审查合格的，发给动物防疫条件合格证；不合格的，应当通知申请人并说明理由。需要办理工商登记的，申请人凭动物防疫条件合格证向工商行政管理部门申请办理登记注册手续。

动物防疫条件合格证应当载明申请人的名称、场（厂）址等事项。

经营动物、动物产品的集贸市场应当具备国务院兽医主管部门规定的动物防疫条件，并接受动物卫生监督机构的监督检查。

第二十一条 动物、动物产品的运载工具、垫料、包装物、容器等应当符合国务院兽医主管部门规定的动物防疫要求。

染疫动物及其排泄物、染疫动物产品，病死或者死因不明的动物尸体，运载工具中的动物排泄物以及垫料、包装物、容器等污染物，应当按照国务院兽医主管部门的规定处理，不得随意处置。

第二十二条 采集、保存、运输动物病料或者病原微生物以及从事病原微生物研究、教学、检测、诊断等活动，应当遵守国家有关病原微生物实验室管理的规定。

第二十三条 患有人畜共患传染病的人员不得直接从事动物诊疗以及易感染动物的饲养、屠宰、经营、隔离、运输等活动。

人畜共患传染病名录由国务院兽医主管部门会同国务院卫生主管部门制定并公布。

第二十四条 国家对动物疫病实行区域化管理，逐步建立无规定动物疫病区。无规定动物疫病区应当符合国务院兽医主管部门规定的标准，经国务院兽医主管部门验收合格予以公布。

本法所称无规定动物疫病区，是指具有天然屏障或者采取人工措施，在一定期限内没有发生规定的一种或者几种动物疫病，并经验收合格的区域。

第二十五条 禁止屠宰、经营、运输下列动物和生产、经营、加工、贮藏、运输下列动物产品：

(一)封锁疫区内与所发生动物疫病有关的；

(二)疫区内易感染的；

(三)依法应当检疫而未经检疫或者检疫不合格的；

(四)染疫或者疑似染疫的；

(五)病死或者死因不明的；

(六)其他不符合国务院兽医主管部门有关动物防疫规定的。

第三章 动物疫情的报告、通报和公布

第二十六条 从事动物疫情监测、检验检疫、疫病研究与诊疗以及动物饲养、屠宰、经营、隔离、运输等活动的单位和个人，发现动物染疫或者疑似染疫的，应当立即向当地兽医主管部门、动物卫生监督机构或者动物疫病预防控制机构报告，并采取隔离等控制措施，防止动物疫情扩散。其他单位和个人发现动物染疫或者疑似染疫的，应当及时报告。

接到动物疫情报告的单位，应当及时采取必要的控制处理措施，并按照国家规定的程序上报。

第二十七条 动物疫情由县级以上人民政府兽医主管部门认定；其中重大动物疫情由省、自治区、直辖市人民政府兽医主管部门认定，必要时报国务院兽医主管部门认定。

第二十八条 国务院兽医主管部门应当及时向国务院有关部门和军队

有关部门以及省、自治区、直辖市人民政府兽医主管部门通报重大动物疫情的发生和处理情况；发生人畜共患传染病的，县级以上人民政府兽医主管部门与同级卫生主管部门应当及时相互通报。

国务院兽医主管部门应当依照我国缔结或者参加的条约、协定，及时向有关国际组织或者贸易方通报重大动物疫情的发生和处理情况。

第二十九条　国务院兽医主管部门负责向社会及时公布全国动物疫情，也可以根据需要授权省、自治区、直辖市人民政府兽医主管部门公布本行政区域内的动物疫情。其他单位和个人不得发布动物疫情。

第三十条　任何单位和个人不得瞒报、谎报、迟报、漏报动物疫情，不得授意他人瞒报、谎报、迟报动物疫情，不得阻碍他人报告动物疫情。

第四章　动物疫病的控制和扑灭

第三十一条　发生一类动物疫病时，应当采取下列控制和扑灭措施：

（一）当地县级以上地方人民政府兽医主管部门应当立即派人到现场，划定疫点、疫区、受威胁区，调查疫源，及时报请本级人民政府对疫区实行封锁。疫区范围涉及两个以上行政区域的，由有关行政区域共同的上一级人民政府对疫区实行封锁，或者由各有关行政区域的上一级人民政府共同对疫区实行封锁。必要时，上级人民政府可以责成下级人民政府对疫区实行封锁。

（二）县级以上地方人民政府应当立即组织有关部门和单位采取封锁、隔离、扑杀、销毁、消毒、无害化处理、紧急免疫接种等强制性措施，迅速扑灭疫病。

（三）在封锁期间，禁止染疫、疑似染疫和易感染的动物、动物产品流出疫区，禁止非疫区的易感染动物进入疫区，并根据扑灭动物疫病的需要对出入疫区的人员、运输工具及有关物品采取消毒和其他限制性措施。

第三十二条　发生二类动物疫病时，应当采取下列控制和扑灭措施：

（一）当地县级以上地方人民政府兽医主管部门应当划定疫点、疫区、受威胁区。

（二）县级以上地方人民政府根据需要组织有关部门和单位采取隔离、扑杀、销毁、消毒、无害化处理、紧急免疫接种、限制易感染的动物和动物产品及有关物品出入等控制、扑灭措施。

第三十三条　疫点、疫区、受威胁区的撤销和疫区封锁的解除，按照国务院兽医主管部门规定的标准和程序评估后，由原决定机关决定并宣布。

第三十四条　发生三类动物疫病时，当地县级、乡级人民政府应当按照国务院兽医主管部门的规定组织防治和净化。

第三十五条　二、三类动物疫病呈暴发性流行时，按照一类动物疫病处理。

第三十六条　为控制、扑灭动物疫病，动物卫生监督机构应当派人在当地依法设立的现有检查站执行监督检查任务；必要时，经省、自治区、直辖市人民政府批准，可以设立临时性的动物卫生监督检查站，执行监督检查任务。

第三十七条　发生人畜共患传染病时，卫生主管部门应当组织对疫区易感染的人群进行监测，并采取相应的预防、控制措施。

第三十八条　疫区内有关单位和个人，应当遵守县级以上人民政府及其兽医主管部门依法作出的有关控制、扑灭动物疫病的规定。

任何单位和个人不得藏匿、转移、盗掘已被依法隔离、封存、处理的动物和动物产品。

第三十九条　发生动物疫情时，航空、铁路、公路、水路等运输部门应当优先组织运送控制、扑灭疫病的人员和有关物资。

第四十条　一、二、三类动物疫病突然发生，迅速传播，给养殖业生产安全造成严重威胁、危害，以及可能对公众身体健康与生命安全造成危害，构成重大动物疫情的，依照法律和国务院的规定采取应急处理措施。

第五章　动物和动物产品的检疫

第四十一条　动物卫生监督机构依照本法和国务院兽医主管部门的规定对动物、动物产品实施检疫。

动物卫生监督机构的官方兽医具体实施动物、动物产品检疫。官方兽医应当具备规定的资格条件，取得国务院兽医主管部门颁发的资格证书，具体办法由国务院兽医主管部门会同国务院人事行政部门制定。

本法所称官方兽医，是指具备规定的资格条件并经兽医主管部门任命的，负责出具检疫等证明的国家兽医工作人员。

第四十二条　屠宰、出售或者运输动物以及出售或者运输动物产品前，货主应当按照国务院兽医主管部门的规定向当地动物卫生监督机构申报检疫。

动物卫生监督机构接到检疫申报后，应当及时指派官方兽医对动物、动物产品实施现场检疫；检疫合格的，出具检疫证明、加施检疫标志。实施现场检疫的官方兽医应当在检疫证明、检疫标志上签字或者盖章，并对检疫结论负责。

第四十三条　屠宰、经营、运输以及参加展览、演出和比赛的动物，应当附有检疫证明；经营和运输的动物产品，应当附有检疫证明、检疫标志。

对前款规定的动物、动物产品，动物卫生监督机构可以查验检疫证明、检疫标志，进行监督抽查，但不得重复检疫收费。

第四十四条　经铁路、公路、水路、航空运输动物和动物产品的，托运人托运时应当提供检疫证明；没有检疫证明的，承运人不得承运。

运载工具在装载前和卸载后应当及时清洗、消毒。

第四十五条　输入到无规定动物疫病区的动物、动物产品，货主应当按照国务院兽医主管部门的规定向无规定动物疫病区所在地动物卫生监督机构申报检疫，经检疫合格的，方可进入；检疫所需费用纳入无规定动物疫病区所在地地方人民政府财政预算。

第四十六条　跨省、自治区、直辖市引进乳用动物、种用动物及其精液、胚胎、种蛋的，应当向输入地省、自治区、直辖市动物卫生监督机构申请办理审批手续，并依照本法第四十二条的规定取得检疫证明。

跨省、自治区、直辖市引进的乳用动物、种用动物到达输入地后，货主应当按照国务院兽医主管部门的规定对引进的乳用动物、种用动物进行隔离观察。

第四十七条　人工捕获的可能传播动物疫病的野生动物，应当报经捕获地动物卫生监督机构检疫，经检疫合格的，方可饲养、经营和运输。

第四十八条　经检疫不合格的动物、动物产品，货主应当在动物卫生监督机构监督下按照国务院兽医主管部门的规定处理，处理费用由货主承担。

第四十九条　依法进行检疫需要收取费用的，其项目和标准由国务院财政部门、物价主管部门规定。

第六章　动物诊疗

第五十条　从事动物诊疗活动的机构，应当具备下列条件：

（一）有与动物诊疗活动相适应并符合动物防疫条件的场所；

（二）有与动物诊疗活动相适应的执业兽医；

（三）有与动物诊疗活动相适应的兽医器械和设备；

（四）有完善的管理制度。

第五十一条 设立从事动物诊疗活动的机构，应当向县级以上地方人民政府兽医主管部门申请动物诊疗许可证。受理申请的兽医主管部门应当依照本法和《中华人民共和国行政许可法》的规定进行审查。经审查合格的，发给动物诊疗许可证；不合格的，应当通知申请人并说明理由。申请人凭动物诊疗许可证向工商行政管理部门申请办理登记注册手续，取得营业执照后，方可从事动物诊疗活动。

第五十二条 动物诊疗许可证应当载明诊疗机构名称、诊疗活动范围、从业地点和法定代表人（负责人）等事项。

动物诊疗许可证载明事项变更的，应当申请变更或者换发动物诊疗许可证，并依法办理工商变更登记手续。

第五十三条 动物诊疗机构应当按照国务院兽医主管部门的规定，做好诊疗活动中的卫生安全防护、消毒、隔离和诊疗废弃物处置等工作。

第五十四条 国家实行执业兽医资格考试制度。具有兽医相关专业大学专科以上学历的，可以申请参加执业兽医资格考试；考试合格的，由国务院兽医主管部门颁发执业兽医资格证书；从事动物诊疗的，还应当向当地县级人民政府兽医主管部门申请注册。执业兽医资格考试和注册办法由国务院兽医主管部门商国务院人事行政部门制定。

本法所称执业兽医，是指从事动物诊疗和动物保健等经营活动的兽医。

第五十五条 经注册的执业兽医，方可从事动物诊疗、开具兽药处方等活动。但是，本法第五十七条对乡村兽医服务人员另有规定的，从其规定。

执业兽医、乡村兽医服务人员应当按照当地人民政府或者兽医主管部门的要求，参加预防、控制和扑灭动物疫病的活动。

第五十六条 从事动物诊疗活动，应当遵守有关动物诊疗的操作技术规范，使用符合国家规定的兽药和兽医器械。

第五十七条 乡村兽医服务人员可以在乡村从事动物诊疗服务活动，具体管理办法由国务院兽医主管部门制定。

第七章　监督管理

第五十八条　动物卫生监督机构依照本法规定，对动物饲养、屠宰、经营、隔离、运输以及动物产品生产、经营、加工、贮藏、运输等活动中的动物防疫实施监督管理。

第五十九条　动物卫生监督机构执行监督检查任务，可以采取下列措施，有关单位和个人不得拒绝或者阻碍：

（一）对动物、动物产品按照规定采样、留验、抽检；

（二）对染疫或者疑似染疫的动物、动物产品及相关物品进行隔离、查封、扣押和处理；

（三）对依法应当检疫而未经检疫的动物实施补检；

（四）对依法应当检疫而未经检疫的动物产品，具备补检条件的实施补检，不具备补检条件的予以没收销毁；

（五）查验检疫证明、检疫标志和畜禽标志；

（六）进入有关场所调查取证，查阅、复制与动物防疫有关的资料。

动物卫生监督机构根据动物疫病预防、控制需要，经当地县级以上地方人民政府批准，可以在车站、港口、机场等相关场所派驻官方兽医。

第六十条　官方兽医执行动物防疫监督检查任务，应当出示行政执法证件，佩戴统一标志。

动物卫生监督机构及其工作人员不得从事与动物防疫有关的经营性活动，进行监督检查不得收取任何费用。

第六十一条　禁止转让、伪造或者变造检疫证明、检疫标志或者畜禽标志。

检疫证明、检疫标志的管理办法，由国务院兽医主管部门制定。

第八章　保障措施

第六十二条　县级以上人民政府应当将动物防疫纳入本级国民经济和社会发展规划及年度计划。

第六十三条　县级人民政府和乡级人民政府应当采取有效措施，加强村级防疫员队伍建设。

县级人民政府兽医主管部门可以根据动物防疫工作需要，向乡、镇或者特定区域派驻兽医机构。

第六十四条 县级以上人民政府按照本级政府职责，将动物疫病预防、控制、扑灭、检疫和监督管理所需经费纳入本级财政预算。

第六十五条 县级以上人民政府应当储备动物疫情应急处理工作所需的防疫物资。

第六十六条 对在动物疫病预防和控制、扑灭过程中强制扑杀的动物、销毁的动物产品和相关物品，县级以上人民政府应当给予补偿。具体补偿标准和办法由国务院财政部门会同有关部门制定。

因依法实施强制免疫造成动物应激死亡的，给予补偿。具体补偿标准和办法由国务院财政部门会同有关部门制定。

第六十七条 对从事动物疫病预防、检疫、监督检查、现场处理疫情以及在工作中接触动物疫病病原体的人员，有关单位应当按照国家规定采取有效的卫生防护措施和医疗保健措施。

第九章 法律责任

第六十八条 地方各级人民政府及其工作人员未依照本法规定履行职责的，对直接负责的主管人员和其他直接责任人员依法给予处分。

第六十九条 县级以上人民政府兽医主管部门及其工作人员违反本法规定，有下列行为之一的，由本级人民政府责令改正，通报批评；对直接负责的主管人员和其他直接责任人员依法给予处分：

（一）未及时采取预防、控制、扑灭等措施的；

（二）对不符合条件的颁发动物防疫条件合格证、动物诊疗许可证，或者对符合条件的拒不颁发动物防疫条件合格证、动物诊疗许可证的；

（三）其他未依照本法规定履行职责的行为。

第七十条 动物卫生监督机构及其工作人员违反本法规定，有下列行为之一的，由本级人民政府或者兽医主管部门责令改正，通报批评；对直接负责的主管人员和其他直接责任人员依法给予处分：

（一）对未经现场检疫或者检疫不合格的动物、动物产品出具检疫证明、加施检疫标志，或者对检疫合格的动物、动物产品拒不出具检疫证明、加施检疫标志的；

（二）对附有检疫证明、检疫标志的动物、动物产品重复检疫的；

（三）从事与动物防疫有关的经营性活动，或者在国务院财政部门、物价主管部门规定外加收费用、重复收费的；

（四）其他未依照本法规定履行职责的行为。

第七十一条　动物疫病预防控制机构及其工作人员违反本法规定，有下列行为之一的，由本级人民政府或者兽医主管部门责令改正，通报批评；对直接负责的主管人员和其他直接责任人员依法给予处分：

（一）未履行动物疫病监测、检测职责或者伪造监测、检测结果的；

（二）发生动物疫情时未及时进行诊断、调查的；

（三）其他未依照本法规定履行职责的行为。

第七十二条　地方各级人民政府、有关部门及其工作人员瞒报、谎报、迟报、漏报或者授意他人瞒报、谎报、迟报动物疫情，或者阻碍他人报告动物疫情的，由上级人民政府或者有关部门责令改正，通报批评；对直接负责的主管人员和其他直接责任人员依法给予处分。

第七十三条　违反本法规定，有下列行为之一的，由动物卫生监督机构责令改正，给予警告；拒不改正的，由动物卫生监督机构代作处理，所需处理费用由违法行为人承担，可以处一千元以下罚款：

（一）对饲养的动物不按照动物疫病强制免疫计划进行免疫接种的；

（二）种用、乳用动物未经检测或者经检测不合格而不按照规定处理的；

（三）动物、动物产品的运载工具在装载前和卸载后没有及时清洗、消毒的。

第七十四条　违反本法规定，对经强制免疫的动物未按照国务院兽医主管部门规定建立免疫档案、加施畜禽标志的，依照《中华人民共和国畜牧法》的有关规定处罚。

第七十五条　违反本法规定，不按照国务院兽医主管部门规定处置染疫动物及其排泄物，染疫动物产品，病死或者死因不明的动物尸体，运载工具中的动物排泄物以及垫料、包装物、容器等污染物以及其他经检疫不合格的动物、动物产品的，由动物卫生监督机构责令无害化处理，所需处理费用由违法行为人承担，可以处三千元以下罚款。

第七十六条　违反本法第二十五条规定，屠宰、经营、运输动物或者生产、经营、加工、贮藏、运输动物产品的，由动物卫生监督机构责令改正、采取补救措施，没收违法所得和动物、动物产品，并处同类检疫合格动物、动物产品货值金额一倍以上五倍以下罚款；其中依法应当检疫而未检疫的，依照本法第七十八条的规定处罚。

第七十七条 违反本法规定，有下列行为之一的，由动物卫生监督机构责令改正，处一千元以上一万元以下罚款；情节严重的，处一万元以上十万元以下罚款：

（一）兴办动物饲养场（养殖小区）和隔离场所，动物屠宰加工场所，以及动物和动物产品无害化处理场所，未取得动物防疫条件合格证的；

（二）未办理审批手续，跨省、自治区、直辖市引进乳用动物、种用动物及其精液、胚胎、种蛋的；

（三）未经检疫，向无规定动物疫病区输入动物、动物产品的。

第七十八条 违反本法规定，屠宰、经营、运输的动物未附有检疫证明，经营和运输的动物产品未附有检疫证明、检疫标志的，由动物卫生监督机构责令改正，处同类检疫合格动物、动物产品货值金额百分之十以上百分之五十以下罚款；对货主以外的承运人处运输费用一倍以上三倍以下罚款。

违反本法规定，参加展览、演出和比赛的动物未附有检疫证明的，由动物卫生监督机构责令改正，处一千元以上三千元以下罚款。

第七十九条 违反本法规定，转让、伪造或者变造检疫证明、检疫标志或者畜禽标志的，由动物卫生监督机构没收违法所得，收缴检疫证明、检疫标志或者畜禽标志，并处三千元以上三万元以下罚款。

第八十条 违反本法规定，有下列行为之一的，由动物卫生监督机构责令改正，处一千元以上一万元以下罚款：

（一）不遵守县级以上人民政府及其兽医主管部门依法作出的有关控制、扑灭动物疫病规定的；

（二）藏匿、转移、盗掘已被依法隔离、封存、处理的动物和动物产品的；

（三）发布动物疫情的。

第八十一条 违反本法规定，未取得动物诊疗许可证从事动物诊疗活动的，由动物卫生监督机构责令停止诊疗活动，没收违法所得；违法所得在三万元以上的，并处违法所得一倍以上三倍以下罚款；没有违法所得或者违法所得不足三万元的，并处三千元以上三万元以下罚款。

动物诊疗机构违反本法规定，造成动物疫病扩散的，由动物卫生监督机构责令改正，处一万元以上五万元以下罚款；情节严重的，由发证机关吊销动物诊疗许可证。

第八十二条　违反本法规定，未经兽医执业注册从事动物诊疗活动的，由动物卫生监督机构责令停止动物诊疗活动，没收违法所得，并处一千元以上一万元以下罚款。

执业兽医有下列行为之一的，由动物卫生监督机构给予警告，责令暂停六个月以上一年以下动物诊疗活动；情节严重的，由发证机关吊销注册证书：

（一）违反有关动物诊疗的操作技术规范，造成或者可能造成动物疫病传播、流行的；

（二）使用不符合国家规定的兽药和兽医器械的；

（三）不按照当地人民政府或者兽医主管部门要求参加动物疫病预防、控制和扑灭活动的。

第八十三条　违反本法规定，从事动物疫病研究与诊疗和动物饲养、屠宰、经营、隔离、运输，以及动物产品生产、经营、加工、贮藏等活动的单位和个人，有下列行为之一的，由动物卫生监督机构责令改正；拒不改正的，对违法行为单位处一千元以上一万元以下罚款，对违法行为个人可以处五百元以下罚款：

（一）不履行动物疫情报告义务的；

（二）不如实提供与动物防疫活动有关资料的；

（三）拒绝动物卫生监督机构进行监督检查的；

（四）拒绝动物疫病预防控制机构进行动物疫病监测、检测的。

第八十四条　违反本法规定，构成犯罪的，依法追究刑事责任。

违反本法规定，导致动物疫病传播、流行等，给他人人身、财产造成损害的，依法承担民事责任。

第十章　附　　则

第八十五条　本法自 2008 年 1 月 1 日起施行。

附录二

乡村兽医管理办法

（2008年11月26日农业部令第17号发布，自2009年1月1日起施行）

第一条 为了加强乡村兽医从业管理，提高乡村兽医业务素质和职业道德水平，保障乡村兽医合法权益，保护动物健康和公共卫生安全，根据《中华人民共和国动物防疫法》，制定本办法。

第二条 乡村兽医在乡村从事动物诊疗服务活动的，应当遵守本办法。

第三条 本办法所称乡村兽医，是指尚未取得执业兽医资格，经登记在乡村从事动物诊疗服务活动的人员。

第四条 农业部主管全国乡村兽医管理工作。

县级以上地方人民政府兽医主管部门主管本行政区域内乡村兽医管理工作。

县级以上地方人民政府设立的动物卫生监督机构负责本行政区域内乡村兽医监督执法工作。

第五条 国家鼓励符合条件的乡村兽医参加执业兽医资格考试，鼓励取得执业兽医资格的人员到乡村从事动物诊疗服务活动。

第六条 国家实行乡村兽医登记制度。符合下列条件之一的，可以向县级人民政府兽医主管部门申请乡村兽医登记：

（一）取得中等以上兽医、畜牧（畜牧兽医）、中兽医（民族兽医）或水产养殖专业学历的；

（二）取得中级以上动物疫病防治员、水生动物病害防治员职业技能鉴定证书的；

（三）在乡村从事动物诊疗服务连续5年以上的；

（四）经县级人民政府兽医主管部门培训合格的。

第七条 申请乡村兽医登记的，应当提交下列材料：

（一）乡村兽医登记申请表；

（二）学历证明、职业技能鉴定证书、培训合格证书或者乡镇畜牧兽医站出具的从业年限证明；

（三）申请人身份证明和复印件。

第八条　县级人民政府兽医主管部门应当在收到申请材料之日起20个工作日内完成审核。审核合格的，予以登记，并颁发乡村兽医登记证；不合格的，书面通知申请人，并说明理由。

乡村兽医登记证应当载明乡村兽医姓名、从业区域、有效期等事项。

乡村兽医登记证有效期五年，有效期届满需要继续从事动物诊疗服务活动的，应当在有效期届满三个月前申请续展。

第九条　乡村兽医登记证格式由农业部规定，各省、自治区、直辖市人民政府兽医主管部门统一印制。

县级人民政府兽医主管部门办理乡村兽医登记，不得收取任何费用。

第十条　县级人民政府兽医主管部门应当将登记的乡村兽医名单逐级汇总报省、自治区、直辖市人民政府兽医主管部门备案。

第十一条　乡村兽医只能在本乡镇从事动物诊疗服务活动，不得在城区从业。

第十二条　乡村兽医在乡村从事动物诊疗服务活动的，应当有固定的从业场所和必要的兽医器械。

第十三条　乡村兽医应当按照《兽药管理条例》和农业部的规定使用兽药，并如实记录用药情况。

第十四条　乡村兽医在动物诊疗服务活动中，应当按照规定处理使用过的兽医器械和医疗废弃物。

第十五条　乡村兽医在动物诊疗服务活动中发现动物染疫或者疑似染疫的，应当按照国家规定立即报告，并采取隔离等控制措施，防止动物疫情扩散。

乡村兽医在动物诊疗服务活动中发现动物患有或者疑似患有国家规定应当扑杀的疫病时，不得擅自进行治疗。

第十六条　发生突发动物疫情时，乡村兽医应当参加当地人民政府或者有关部门组织的预防、控制和扑灭工作，不得拒绝和阻碍。

第十七条 省、自治区、直辖市人民政府兽医主管部门应当制定乡村兽医培训规划，保证乡村兽医至少每两年接受一次培训。县级人民政府兽医主管部门应当根据培训规划制定本地区乡村兽医培训计划。

第十八条 县级人民政府兽医主管部门和乡（镇）人民政府应当按照《中华人民共和国动物防疫法》的规定，优先确定乡村兽医作为村级动物防疫员。

第十九条 乡村兽医有下列行为之一的，由动物卫生监督机构给予警告，责令暂停六个月以上一年以下动物诊疗服务活动；情节严重的，由原登记机关收回、注销乡村兽医登记证：

（一）不按照规定区域从业的；

（二）不按照当地人民政府或者有关部门的要求参加动物疫病预防、控制和扑灭活动的。

第二十条 乡村兽医有下列情形之一的，原登记机关应当收回、注销乡村兽医登记证：

（一）死亡或者被宣告失踪的；

（二）中止兽医服务活动满二年的。

第二十一条 乡村兽医在动物诊疗服务活动中，违法使用兽药的，依照有关法律、行政法规的规定予以处罚。

第二十二条 从事水生动物疫病防治的乡村兽医由县级人民政府渔业行政主管部门依照本办法的规定进行登记和监管。

县级人民政府渔业行政主管部门应当将登记的从事水生动物疫病防治的乡村兽医信息汇总通报同级兽医主管部门。

第二十三条 本办法自2009年1月1日起施行。

附录三

执业兽医管理办法

（2008年11月26日农业部令第18号发布，自2009年1月1日起施行）

第一章　总　　则

第一条　为了规范执业兽医执业行为，提高执业兽医业务素质和职业道德水平，保障执业兽医合法权益，保护动物健康和公共卫生安全，根据《中华人民共和国动物防疫法》，制定本办法。

第二条　在中华人民共和国境内从事动物诊疗和动物保健活动的兽医人员适用本办法。

第三条　本办法所称执业兽医，包括执业兽医师和执业助理兽医师。

第四条　农业部主管全国执业兽医管理工作。

县级以上地方人民政府兽医主管部门主管本行政区域内的执业兽医管理工作。

县级以上地方人民政府设立的动物卫生监督机构负责执业兽医的监督执法工作。

第五条　县级以上人民政府兽医主管部门应当对在预防、控制和扑灭动物疫病工作中做出突出贡献的执业兽医，按照国家有关规定给予表彰和奖励。

第六条　执业兽医应当具备良好的职业道德，按照有关动物防疫、动物诊疗和兽药管理等法律、行政法规和技术规范的要求，依法执业。

执业兽医应当定期参加兽医专业知识和相关政策法规教育培训，不断提高业务素质。

第七条　执业兽医依法履行职责，其权益受法律保护。

鼓励成立兽医行业协会，实行行业自律，规范从业行为，提高服务水平。

第二章　资格考试

第八条　国家实行执业兽医资格考试制度。执业兽医资格考试由农业部组织,全国统一大纲、统一命题、统一考试。

第九条　具有兽医、畜牧兽医、中兽医(民族兽医)或者水产养殖专业大学专科以上学历的人员,可以参加执业兽医资格考试。

第十条　执业兽医资格考试内容包括兽医综合知识和临床技能两部分。

第十一条　农业部组织成立全国执业兽医资格考试委员会。考试委员会负责审定考试科目、考试大纲、考试试题,对考试工作进行监督、指导和确定合格标准。

第十二条　农业部执业兽医管理办公室承担考试委员会的日常工作,负责拟订考试科目、编写考试大纲、建立考试题库、组织考试命题,并提出考试合格标准建议等。

第十三条　执业兽医资格考试成绩符合执业兽医师标准的,取得执业兽医师资格证书;符合执业助理兽医师资格标准的,取得执业助理兽医师资格证书。

执业兽医师资格证书和执业助理兽医师资格证书由农业部颁发。

第三章　执业注册和备案

第十四条　取得执业兽医师资格证书,从事动物诊疗活动的,应当向注册机关申请兽医执业注册;取得执业助理兽医师资格证书,从事动物诊疗辅助活动的,应当向注册机关备案。

第十五条　申请兽医执业注册或者备案的,应当向注册机关提交下列材料:

(一)注册申请表或者备案表;

(二)执业兽医资格证书及其复印件;

(三)医疗机构出具的六个月内的健康体检证明;

(四)身份证明原件及其复印件;

(五)动物诊疗机构聘用证明及其复印件;申请人是动物诊疗机构法定代

表人(负责人)的,提供动物诊疗许可证复印件。

第十六条　注册机关收到执业兽医师注册申请后,应当在20个工作日内完成对申请材料的审核。经审核合格的,发给兽医师执业证书;不合格的,书面通知申请人,并说明理由。

注册机关收到执业助理兽医师备案材料后,应当及时对备案材料进行审查,材料齐全、真实的,应当发给助理兽医师执业证书。

第十七条　兽医师执业证书和助理兽医师执业证书应当载明姓名、执业范围、受聘动物诊疗机构名称等事项。

兽医师执业证书和助理兽医师执业证书的格式由农业部规定,由省、自治区、直辖市人民政府兽医主管部门统一印制。

第十八条　有下列情形之一的,不予发放兽医师执业证书或者助理兽医师执业证书:

(一)不具有完全民事行为能力的;

(二)被吊销兽医师执业证书或者助理兽医师执业证书不满二年的;

(三)患有国家规定不得从事动物诊疗活动的人畜共患传染病的。

第十九条　执业兽医变更受聘的动物诊疗机构的,应当按照本办法的规定重新办理注册或者备案手续。

第二十条　县级以上地方人民政府兽医主管部门应当将注册和备案的执业兽医名单逐级汇总报农业部。

第四章　执业活动管理

第二十一条　执业兽医不得同时在两个或者两个以上动物诊疗机构执业,但动物诊疗机构间的会诊、支援、应邀出诊、急救除外。

第二十二条　执业兽医师可以从事动物疾病的预防、诊断、治疗和开具处方、填写诊断书、出具有关证明文件等活动。

第二十三条　执业助理兽医师在执业兽医师指导下协助开展兽医执业活动,但不得开具处方、填写诊断书、出具有关证明文件。

第二十四条　兽医、畜牧兽医、中兽医(民族兽医)、水产养殖专业的学生可以在执业兽医师指导下进行专业实习。

第二十五条 经注册和备案专门从事水生动物疫病诊疗的执业兽医师和执业助理兽医师，不得从事其他动物疫病诊疗。

第二十六条 执业兽医在执业活动中应当履行下列义务：

（一）遵守法律、法规、规章和有关管理规定；

（二）按照技术操作规范从事动物诊疗和动物诊疗辅助活动；

（三）遵守职业道德，履行兽医职责；

（四）爱护动物，宣传动物保健知识和动物福利。

第二十七条 执业兽医师应当使用规范的处方笺、病历册，并在处方笺、病历册上签名。未经亲自诊断、治疗，不得开具处方药、填写诊断书、出具有关证明文件。

执业兽医师不得伪造诊断结果，出具虚假证明文件。

第二十八条 执业兽医在动物诊疗活动中发现动物染疫或者疑似染疫的，应当按照国家规定立即向当地兽医主管部门、动物卫生监督机构或者动物疫病预防控制机构报告，并采取隔离等控制措施，防止动物疫情扩散。

执业兽医在动物诊疗活动中发现动物患有或者疑似患有国家规定应当扑杀的疫病时，不得擅自进行治疗。

第二十九条 执业兽医应当按照国家有关规定合理用药，不得使用假劣兽药和农业部规定禁止使用的药品及其他化合物。

执业兽医师发现可能与兽药使用有关的严重不良反应的，应当立即向所在地人民政府兽医主管部门报告。

第三十条 执业兽医应当按照当地人民政府或者兽医主管部门的要求，参加预防、控制和扑灭动物疫病活动，其所在单位不得阻碍、拒绝。

第三十一条 执业兽医应当于每年3月底前将上年度兽医执业活动情况向注册机关报告。

第五章 罚 则

第三十二条 违反本办法规定，执业兽医有下列情形之一的，由动物卫生监督机构按照《中华人民共和国动物防疫法》第八十二条第一款的规定予以处罚；情节严重的，并报原注册机关收回、注销兽医师执业证书或者助理兽医师执业证书：

（一）超出注册机关核定的执业范围从事动物诊疗活动的；

（二）变更受聘的动物诊疗机构未重新办理注册或者备案的。

第三十三条 使用伪造、变造、受让、租用、借用的兽医师执业证书或者助理兽医师执业证书的，动物卫生监督机构应当依法收缴，并按照《中华人民共和国动物防疫法》第八十二条第一款的规定予以处罚。

第三十四条 执业兽医有下列情形之一的，原注册机关应当收回、注销兽医师执业证书或者助理兽医师执业证书：

（一）死亡或者被宣告失踪的；

（二）中止兽医执业活动满二年的；

（三）被吊销兽医师执业证书或者助理兽医师执业证书的；

（四）连续两年没有将兽医执业活动情况向注册机关报告，且拒不改正的；

（五）出让、出租、出借兽医师执业证书或者助理兽医师执业证书的。

第三十五条 执业兽医师在动物诊疗活动中有下列情形之一的，由动物卫生监督机构给予警告，责令限期改正；拒不改正或者再次出现同类违法行为的，处一千元以下罚款：

（一）不使用病历，或者应当开具处方未开具处方的；

（二）使用不规范的处方笺、病历册，或者未在处方笺、病历册上签名的；

（三）未经亲自诊断、治疗，开具处方药、填写诊断书、出具有关证明文件的；

（四）伪造诊断结果，出具虚假证明文件的。

第三十六条 执业兽医在动物诊疗活动中，违法使用兽药的，依照有关法律、行政法规的规定予以处罚。

第三十七条 注册机关及动物卫生监督机构不依法履行审查和监督管理职责，玩忽职守、滥用职权或者徇私舞弊的，对直接负责的主管人员和其他直接责任人员，依照有关规定给予处分；构成犯罪的，依法追究刑事责任。

第六章 附 则

第三十八条 本办法施行前，不具有大学专科以上学历，但已取得兽医师以上专业技术职称，经县级以上地方人民政府兽医主管部门考核合格的，可以参加执业兽医资格考试。

第三十九条 本办法施行前，具有兽医、水产养殖本科以上学历，从事兽医临床教学或者动物诊疗活动，并取得高级兽医师、水产养殖高级工程师以上专业技术职称或者具有同等专业技术职称，经省、自治区、直辖市人民政府兽医主管部门考核合格，报农业部审核批准后颁发执业兽医师资格证书。

第四十条 动物饲养场（养殖小区）聘用的取得执业兽医师资格证书和执业助理兽医师资格证书的兽医人员，可以凭聘用合同申请兽医执业注册或者备案，但不得对外开展兽医执业活动。

第四十一条 乡村兽医的具体管理办法由农业部另行规定。

第四十二条 外国人和香港、澳门、台湾居民申请执业兽医资格考试、注册和备案的具体办法另行制定。

第四十三条 本办法所称注册机关，是指县（市辖区）级人民政府兽医主管部门；市辖区未设立兽医主管部门的，注册机关为上一级兽医主管部门。

第四十四条 本办法自 2009 年 1 月 1 日起施行。

附录四

动物诊疗机构管理办法

（2008 年 11 月 26 日 农业部令 第 19 号发布，自 2009 年 1 月 1 日起施行）

第一章 总 则

第一条 为了加强动物诊疗机构管理，规范动物诊疗行为，保障公共卫生安全，根据《中华人民共和国动物防疫法》，制定本办法。

第二条 在中华人民共和国境内从事动物诊疗活动的机构，应当遵守本办法。

本办法所称动物诊疗，是指动物疾病的预防、诊断、治疗和动物绝育手术等经营性活动。

第三条 农业部负责全国动物诊疗机构的监督管理。

县级以上地方人民政府兽医主管部门负责本行政区域内动物诊疗机构的管理。

县级以上地方人民政府设立的动物卫生监督机构负责本行政区域内动物诊疗机构的监督执法工作。

第二章 诊疗许可

第四条 国家实行动物诊疗许可制度。从事动物诊疗活动的机构，应当取得动物诊疗许可证，并在规定的诊疗活动范围内开展动物诊疗活动。

第五条 申请设立动物诊疗机构的，应当具备下列条件：

（一）有固定的动物诊疗场所，且动物诊疗场所使用面积符合省、自治区、直辖市人民政府兽医主管部门的规定；

（二）动物诊疗场所选址距离畜禽养殖场、屠宰加工场、动物交易场所不少于 200 米；

（三）动物诊疗场所设有独立的出入口，出入口不得设在居民住宅楼内或

者院内,不得与同一建筑物的其他用户共用通道;

（四）具有布局合理的诊疗室、手术室、药房等设施;

（五）具有诊断、手术、消毒、冷藏、常规化验、污水处理等器械设备;

（六）具有1名以上取得执业兽医师资格证书的人员;

（七）具有完善的诊疗服务、疫情报告、卫生消毒、兽药处方、药物和无害化处理等管理制度。

第六条 动物诊疗机构从事动物颅腔、胸腔和腹腔手术的,除具备本办法第五条规定的条件外,还应当具备以下条件:

（一）具有手术台、X光机或者B超等器械设备;

（二）具有3名以上取得执业兽医师资格证书的人员。

第七条 设立动物诊疗机构,应当向动物诊疗场所所在地的发证机关提出申请,并提交下列材料:

（一）动物诊疗许可证申请表;

（二）动物诊疗场所地理方位图、室内平面图和各功能区布局图;

（三）动物诊疗场所使用权证明;

（四）法定代表人(负责人)身份证明;

（五）执业兽医师资格证书原件及复印件;

（六）设施设备清单;

（七）管理制度文本;

（八）执业兽医和服务人员的健康证明材料。

申请材料不齐全或者不符合规定条件的,发证机关应当自收到申请材料之日起5个工作日内一次告知申请人需补正的内容。

第八条 动物诊疗机构应当使用规范的名称。不具备从事动物颅腔、胸腔和腹腔手术能力的,不得使用“动物医院”的名称。

动物诊疗机构名称应当经工商行政管理机关预先核准。

第九条 发证机关受理申请后,应当在20个工作日内完成对申请材料的审核和对动物诊疗场所的实地考察。符合规定条件的,发证机关应当向申请人颁发动物诊疗许可证;不符合条件的,书面通知申请人,并说明理由。

专门从事水生动物疫病诊疗的,发证机关在核发动物诊疗许可证时,应当征求同级渔业行政主管部门的意见。

第十条　动物诊疗许可证应当载明诊疗机构名称、诊疗活动范围、从业地点和法定代表人(负责人)等事项。

动物诊疗许可证格式由农业部统一规定。

第十一条　申请人凭动物诊疗许可证到动物诊疗场所所在地工商行政管理部门办理登记注册手续。

第十二条　动物诊疗机构设立分支机构的,应当按照本办法的规定另行办理动物诊疗许可证。

第十三条　动物诊疗机构变更名称或者法定代表人(负责人)的,应当在办理工商变更登记手续后15个工作日内,向原发证机关申请办理变更手续。

动物诊疗机构变更从业地点、诊疗活动范围的,应当按照本办法规定重新办理动物诊疗许可手续,申请换发动物诊疗许可证,并依法办理工商变更登记手续。

第十四条　动物诊疗许可证不得伪造、变造、转让、出租、出借。

动物诊疗许可证遗失的,应当及时向原发证机关申请补发。

第十五条　发证机关办理动物诊疗许可证,不得向申请人收取费用。

第三章　诊疗活动管理

第十六条　动物诊疗机构应当依法从事动物诊疗活动,建立健全内部管理制度,在诊疗场所的显著位置悬挂动物诊疗许可证和公示从业人员基本情况。

第十七条　动物诊疗机构应当按照国家兽药管理的规定使用兽药,不得使用假劣兽药和农业部规定禁止使用的药品及其他化合物。

第十八条　动物诊疗机构兼营宠物用品、宠物食品、宠物美容等项目的,兼营区域与动物诊疗区域应当分别独立设置。

第十九条　动物诊疗机构应当使用规范的病历、处方笺,病历、处方笺应当印有动物诊疗机构名称。病历档案应当保存3年以上。

第二十条　动物诊疗机构安装、使用具有放射性的诊疗设备的,应当依法经环境保护部门批准。

第二十一条 动物诊疗机构发现动物染疫或者疑似染疫的，应当按照国家规定立即向当地兽医主管部门、动物卫生监督机构或者动物疫病预防控制机构报告，并采取隔离等控制措施，防止动物疫情扩散。

动物诊疗机构发现动物患有或者疑似患有国家规定应当扑杀的疫病时，不得擅自进行治疗。

第二十二条 动物诊疗机构应当按照农业部规定处理病死动物和动物病理组织。

动物诊疗机构应当参照《医疗废弃物管理条例》的有关规定处理医疗废弃物。

第二十三条 动物诊疗机构的执业兽医应当按照当地人民政府或者兽医主管部门的要求，参加预防、控制和扑灭动物疫病活动。

第二十四条 动物诊疗机构应当配合兽医主管部门、动物卫生监督机构、动物疫病预防控制机构进行有关法律法规宣传、流行病学调查和监测工作。

第二十五条 动物诊疗机构不得随意抛弃病死动物、动物病理组织和医疗废弃物，不得排放未经无害化处理或者处理不达标的诊疗废水。

第二十六条 动物诊疗机构应当定期对本单位工作人员进行专业知识和相关政策、法规培训。

第二十七条 动物诊疗机构应当于每年3月底前将上年度动物诊疗活动情况向发证机关报告。

第二十八条 动物卫生监督机构应当建立健全日常监管制度，对辖区内动物诊疗机构和人员执行法律、法规、规章的情况进行监督检查。

兽医主管部门应当设立动物诊疗违法行为举报电话，并向社会公示。

第四章 罚 则

第二十九条 违反本办法规定，动物诊疗机构有下列情形之一的，由动物卫生监督机构按照《中华人民共和国动物防疫法》第八十一条第一款的规定予以处罚；情节严重的，并报原发证机关收回、注销其动物诊疗许可证：

（一）超出动物诊疗许可证核定的诊疗活动范围从事动物诊疗活动的；

（二）变更从业地点、诊疗活动范围未重新办理动物诊疗许可证的。

第三十条　使用伪造、变造、受让、租用、借用的动物诊疗许可证的，动物卫生监督机构应当依法收缴，并按照《中华人民共和国动物防疫法》第八十一条第一款的规定予以处罚。

出让、出租、出借动物诊疗许可证的，原发证机关应当收回、注销其动物诊疗许可证。

第三十一条　动物诊疗场所不再具备本办法第五条、第六条规定条件的，由动物卫生监督机构给予警告，责令限期改正；逾期仍达不到规定条件的，由原发证机关收回、注销其动物诊疗许可证。

第三十二条　动物诊疗机构连续停业两年以上的，或者连续两年未向发证机关报告动物诊疗活动情况，拒不改正的，由原发证机关收回、注销其动物诊疗许可证。

第三十三条　违反本办法规定，动物诊疗机构有下列情形之一的，由动物卫生监督机构给予警告，责令限期改正；拒不改正或者再次出现同类违法行为的，处一千元以下罚款。

（一）变更机构名称或者法定代表人未办理变更手续的；

（二）未在诊疗场所悬挂动物诊疗许可证或者公示从业人员基本情况的；

（三）不使用病历，或者应当开具处方未开具处方的；

（四）使用不规范的病历、处方笺的。

第三十四条　动物诊疗机构在动物诊疗活动中，违法使用兽药的，或者违法处理医疗废弃物的，依照有关法律、行政法规的规定予以处罚。

第三十五条　动物诊疗机构违反本办法第二十五条规定的，由动物卫生监督机构按照《中华人民共和国动物防疫法》第七十五条的规定予以处罚。

第三十六条　兽医主管部门依法吊销、注销动物诊疗许可证的，应当及时通报工商行政管理部门。

第三十七条　发证机关及其动物卫生监督机构不依法履行审查和监督管理职责，玩忽职守、滥用职权或者徇私舞弊的，依照有关规定给予处分；构成犯罪的，依法追究刑事责任。

第五章　附　　则

第三十八条　乡村兽医在乡村从事动物诊疗活动的具体管理办法由农业部另行规定。

第三十九条　本办法所称发证机关，是指县（市辖区）级人民政府兽医主管部门；市辖区未设立兽医主管部门的，发证机关为上一级兽医主管部门。

第四十条　本办法自2009年1月1日起施行。

本办法施行前已开办的动物诊疗机构，应当自本办法施行之日起12个月内，依照本办法的规定，办理动物诊疗许可证。

附录五

动物检疫管理办法

（2010 年 1 月 21 日 农业部第 6 号令发布，自 2010 年 3 月 1 日起施行）

第一章 总 则

第一条 为加强动物检疫活动管理，预防、控制和扑灭动物疫病，保障动物及动物产品安全，保护人体健康，维护公共卫生安全，根据《中华人民共和国动物防疫法》（以下简称《动物防疫法》），制定本办法。

第二条 本办法适用于中华人民共和国领域内的动物检疫活动。

第三条 农业部主管全国动物检疫工作。

县级以上地方人民政府兽医主管部门主管本行政区域内的动物检疫工作。

县级以上地方人民政府设立的动物卫生监督机构负责本行政区域内动物、动物产品的检疫及其监督管理工作。

第四条 动物检疫的范围、对象和规程由农业部制定、调整并公布。

第五条 动物卫生监督机构指派官方兽医按照《动物防疫法》和本办法的规定对动物、动物产品实施检疫，出具检疫证明，加施检疫标志。

动物卫生监督机构可以根据检疫工作需要，指定兽医专业人员协助官方兽医实施动物检疫。

第六条 动物检疫遵循过程监管、风险控制、区域化和可追溯管理相结合的原则。

第二章 检 疫 申 报

第七条 国家实行动物检疫申报制度。

动物卫生监督机构应当根据检疫工作需要，合理设置动物检疫申报点，并向社会公布动物检疫申报点、检疫范围和检疫对象。

县级以上人民政府兽医主管部门应当加强动物检疫申报点的建设和

管理。

第八条 下列动物、动物产品在离开产地前，货主应当按规定时限向所在地动物卫生监督机构申报检疫：

（一）出售、运输动物产品和供屠宰、继续饲养的动物，应当提前3天申报检疫。

（二）出售、运输乳用动物、种用动物及其精液、卵、胚胎、种蛋，以及参加展览、演出和比赛的动物，应当提前15天申报检疫。

（三）向无规定动物疫病区输入相关易感动物、易感动物产品的，货主除按规定向输出地动物卫生监督机构申报检疫外，还应当在起运3天前向输入地省级动物卫生监督机构申报检疫。

第九条 合法捕获野生动物的，应当在捕获后3天内向捕获地县级动物卫生监督机构申报检疫。

第十条 屠宰动物的，应当提前6小时向所在地动物卫生监督机构申报检疫；急宰动物的，可以随时申报。

第十一条 申报检疫的，应当提交检疫申报单；跨省、自治区、直辖市调运乳用动物、种用动物及其精液、胚胎、种蛋的，还应当同时提交输入地省、自治区、直辖市动物卫生监督机构批准的《跨省引进乳用种用动物检疫审批表》。

申报检疫采取申报点填报、传真、电话等方式申报。采用电话申报的，需在现场补填检疫申报单。

第十二条 动物卫生监督机构受理检疫申报后，应当派出官方兽医到现场或指定地点实施检疫；不予受理的，应当说明理由。

第三章 产地检疫

第十三条 出售或者运输的动物、动物产品经所在地县级动物卫生监督机构的官方兽医检疫合格，并取得《动物检疫合格证明》后，方可离开产地。

第十四条 出售或者运输的动物，经检疫符合下列条件，由官方兽医出具《动物检疫合格证明》：

（一）来自非封锁区或者未发生相关动物疫情的饲养场（户）；

（二）按照国家规定进行了强制免疫，并在有效保护期内；

（三）临床检查健康；

（四）农业部规定需要进行实验室疫病检测的，检测结果符合要求；

（五）养殖档案相关记录和畜禽标识符合农业部规定。

乳用、种用动物和宠物，还应当符合农业部规定的健康标准。

第十五条　合法捕获的野生动物，经检疫符合下列条件，由官方兽医出具《动物检疫合格证明》后，方可饲养、经营和运输：

（一）来自非封锁区；

（二）临床检查健康；

（三）农业部规定需要进行实验室疫病检测的，检测结果符合要求。

第十六条　出售、运输的种用动物精液、卵、胚胎、种蛋，经检疫符合下列条件，由官方兽医出具《动物检疫合格证明》：

（一）来自非封锁区，或者未发生相关动物疫情的种用动物饲养场；

（二）供体动物按照国家规定进行了强制免疫，并在有效保护期内；

（三）供体动物符合动物健康标准；

（四）农业部规定需要进行实验室疫病检测的，检测结果符合要求；

（五）供体动物的养殖档案相关记录和畜禽标识符合农业部规定。

第十七条　出售、运输的骨、角、生皮、原毛、绒等产品，经检疫符合下列条件，由官方兽医出具《动物检疫合格证明》：

（一）来自非封锁区，或者未发生相关动物疫情的饲养场（户）；

（二）按有关规定消毒合格；

（三）农业部规定需要进行实验室疫病检测的，检测结果符合要求。

第十八条　经检疫不合格的动物、动物产品，由官方兽医出具检疫处理通知单，并监督货主按照农业部规定的技术规范处理。

第十九条　跨省、自治区、直辖市引进用于饲养的非乳用、非种用动物到达目的地后，货主或者承运人应当在24小时内向所在地县级动物卫生监督机构报告，并接受监督检查。

第二十条　跨省、自治区、直辖市引进的乳用、种用动物到达输入地后，在所在地动物卫生监督机构的监督下，应当在隔离场或饲养场（养殖小区）内的隔离舍进行隔离观察，大、中型动物隔离期为45天，小型动物隔离期为30天。经隔离观察合格的方可混群饲养；不合格的，按照有关规定进行处理。隔离观察合格后需继续在省内运输的，货主应当申请更换《动物检疫合格证明》。动物卫生监督机构更换《动物检疫合格证明》不得收费。

第四章 屠宰检疫

第二十一条 县级动物卫生监督机构依法向屠宰场(厂、点)派驻(出)官方兽医实施检疫。屠宰场(厂、点)应当提供与屠宰规模相适应的官方兽医驻场检疫室和检疫操作台等设施。出场(厂、点)的动物产品应当经官方兽医检疫合格,加施检疫标志,并附有《动物检疫合格证明》。

第二十二条 进入屠宰场(厂、点)的动物应当附有《动物检疫合格证明》,并佩戴有农业部规定的畜禽标识。

官方兽医应当查验进场动物附具的《动物检疫合格证明》和佩戴的畜禽标识,检查待宰动物健康状况,对疑似染疫的动物进行隔离观察。

官方兽医应当按照农业部规定,在动物屠宰过程中实施全流程同步检疫和必要的实验室疫病检测。

第二十三条 经检疫符合下列条件的,由官方兽医出具《动物检疫合格证明》,对胴体及分割、包装的动物产品加盖检疫验讫印章或者加施其他检疫标志:

(一)无规定的传染病和寄生虫病;

(二)符合农业部规定的相关屠宰检疫规程要求;

(三)需要进行实验室疫病检测的,检测结果符合要求。

骨、角、生皮、原毛、绒的检疫还应当符合本办法第十七条有关规定。

第二十四条 经检疫不合格的动物、动物产品,由官方兽医出具检疫处理通知单,并监督屠宰场(厂、点)或者货主按照农业部规定的技术规范处理。

第二十五条 官方兽医应当回收进入屠宰场(厂、点)动物附具的《动物检疫合格证明》,填写屠宰检疫记录。回收的《动物检疫合格证明》应当保存12个月以上。

第二十六条 经检疫合格的动物产品到达目的地后,需要直接在当地分销的,货主可以向输入地动物卫生监督机构申请换证,换证不得收费。换证应当符合下列条件:

(一)提供原始有效《动物检疫合格证明》,检疫标志完整,且证物相符;

(二)在有关国家标准规定的保质期内,且无腐败变质。

第二十七条 经检疫合格的动物产品到达目的地,贮藏后需继续调运或者分销的,货主可以向输入地动物卫生监督机构重新申报检疫。输入地县级以上动物卫生监督机构对符合下列条件的动物产品,出具《动物检疫合格证明》。

(一)提供原始有效《动物检疫合格证明》,检疫标志完整,且证物相符;

(二)在有关国家标准规定的保质期内,无腐败变质;

(三)有健全的出入库登记记录;

(四)农业部规定进行必要的实验室疫病检测的,检测结果符合要求。

第五章 水产苗种产地检疫

第二十八条 出售或者运输水生动物的亲本、稚体、幼体、受精卵、发眼卵及其他遗传育种材料等水产苗种的,货主应当提前20天向所在地县级动物卫生监督机构申报检疫;经检疫合格,并取得《动物检疫合格证明》后,方可离开产地。

第二十九条 养殖、出售或者运输合法捕获的野生水产苗种的,货主应当在捕获野生水产苗种后2天内向所在地县级动物卫生监督机构申报检疫;经检疫合格,并取得《动物检疫合格证明》后,方可投放养殖场所、出售或者运输。

合法捕获的野生水产苗种实施检疫前,货主应当将其隔离在符合下列条件的临时检疫场地:

(一)与其他养殖场所有物理隔离设施;

(二)具有独立的进、排水和废水无害化处理设施以及专用渔具;

(三)农业部规定的其他防疫条件。

第三十条 水产苗种经检疫符合下列条件的,由官方兽医出具《动物检疫合格证明》:

(一)该苗种生产场近期未发生相关水生动物疫情;

(二)临床健康检查合格;

(三)农业部规定需要经水生动物疫病诊断实验室检验的,检验结果符合要求。

检疫不合格的,动物卫生监督机构应当监督货主按照农业部规定的技术规范处理。

第三十一条 跨省、自治区、直辖市引进水产苗种到达目的地后，货主或承运人应当在24小时内按照有关规定报告，并接受当地动物卫生监督机构的监督检查。

第六章 无规定动物疫病区动物检疫

第三十二条 向无规定动物疫病区运输相关易感动物、动物产品的，除附有输出地动物卫生监督机构出具的《动物检疫合格证明》外，还应当向输入地省、自治区、直辖市动物卫生监督机构申报检疫，并按照本办法第三十三条、第三十四条规定取得输入地《动物检疫合格证明》。

第三十三条 输入到无规定动物疫病区的相关易感动物，应当在输入地省、自治区、直辖市动物卫生监督机构指定的隔离场所，按照农业部规定的无规定动物疫病区有关检疫要求隔离检疫。大、中型动物隔离检疫期为45天，小型动物隔离检疫期为30天。隔离检疫合格的，由输入地省、自治区、直辖市动物卫生监督机构的官方兽医出具《动物检疫合格证明》；不合格的，不准进入，并依法处理。

第三十四条 输入到无规定动物疫病区的相关易感动物产品，应当在输入地省、自治区、直辖市动物卫生监督机构指定的地点，按照农业部规定的无规定动物疫病区有关检疫要求进行检疫。检疫合格的，由输入地省、自治区、直辖市动物卫生监督机构的官方兽医出具《动物检疫合格证明》；不合格的，不准进入，并依法处理。

第七章 乳用、种用动物检疫审批

第三十五条 跨省、自治区、直辖市引进乳用动物、种用动物及其精液、胚胎、种蛋的，货主应当填写《跨省引进乳用、种用动物检疫审批表》，向输入地省、自治区、直辖市动物卫生监督机构申请办理审批手续。

第三十六条 输入地省、自治区、直辖市动物卫生监督机构应当自受理申请之日起10个工作日内，做出是否同意引进的决定。符合下列条件的，签发《跨省引进乳用、种用动物检疫审批表》；不符合下列条件的，书面告知申请人，并说明理由。

(一)输出和输入饲养场、养殖小区取得《动物防疫条件合格证》;

(二)输入饲养场、养殖小区存栏的动物符合动物健康标准;

(三)输出的乳用、种用动物养殖档案相关记录符合农业部规定;

(四)输出的精液、胚胎、种蛋的供体符合动物健康标准。

第三十七条　货主凭输入地省、自治区、直辖市动物卫生监督机构签发的《跨省引进乳用种用动物检疫审批表》,按照本办法规定向输出地县级动物卫生监督机构申报检疫。输出地县级动物卫生监督机构应当按照本办法的规定实施检疫。

第三十八条　跨省引进乳用种用动物应当在《跨省引进乳用种用动物检疫审批表》有效期内运输。逾期引进的,货主应当重新办理审批手续。

第八章　检疫监督

第三十九条　屠宰、经营、运输以及参加展览、演出和比赛的动物,应当附有《动物检疫合格证明》;经营、运输的动物产品应当附有《动物检疫合格证明》和检疫标志。

对符合前款规定的动物、动物产品,动物卫生监督机构可以查验检疫证明、检疫标志,对动物、动物产品进行采样、留验、抽检,但不得重复检疫收费。

第四十条　依法应当检疫而未经检疫的动物,由动物卫生监督机构依照本条第二款规定补检,并依照《动物防疫法》处理处罚。

符合下列条件的,由动物卫生监督机构出具《动物检疫合格证明》;不符合的,按照农业部有关规定进行处理。

(一)畜禽标识符合农业部规定;

(二)临床检查健康;

(三)农业部规定需要进行实验室疫病检测的,检测结果符合要求。

第四十一条　依法应当检疫而未经检疫的骨、角、生皮、原毛、绒等产品,符合下列条件的,由动物卫生监督机构出具《动物检疫合格证明》;不符合的,予以没收销毁。同时,依照《动物防疫法》处理处罚。

(一)货主在5天内提供输出地动物卫生监督机构出具的来自非封锁区的证明;

(二)经外观检查无腐烂变质;

（三）按有关规定重新消毒；

（四）农业部规定需要进行实验室疫病检测的，检测结果符合要求。

第四十二条 依法应当检疫而未经检疫的精液、胚胎、种蛋等，符合下列条件的，由动物卫生监督机构出具《动物检疫合格证明》；不符合的，予以没收销毁。同时，依照《动物防疫法》处理处罚。

（一）货主在5天内提供输出地动物卫生监督机构出具的来自非封锁区的证明和供体动物符合健康标准的证明；

（二）在规定的保质期内，并经外观检查无腐败变质；

（三）农业部规定需要进行实验室疫病检测的，检测结果符合要求。

第四十三条 依法应当检疫而未经检疫的肉、脏器、脂、头、蹄、血液、筋等，符合下列条件的，由动物卫生监督机构出具《动物检疫合格证明》，并依照《动物防疫法》第七十八条的规定进行处罚；不符合下列条件的，予以没收销毁，并依照《动物防疫法》第七十六条的规定进行处罚：

（一）货主在5天内提供输出地动物卫生监督机构出具的来自非封锁区的证明；

（二）经外观检查无病变、无腐败变质；

（三）农业部规定需要进行实验室疫病检测的，检测结果符合要求。

第四十四条 经铁路、公路、水路、航空运输依法应当检疫的动物、动物产品的，托运人托运时应当提供《动物检疫合格证明》。没有《动物检疫合格证明》的，承运人不得承运。

第四十五条 货主或者承运人应当在装载前和卸载后，对动物、动物产品的运载工具以及饲养用具、装载用具等，按照农业部规定的技术规范进行消毒，并对清除的垫料、粪便、污物等进行无害化处理。

第四十六条 封锁区内的商品蛋、生鲜奶的运输监管按照《重大动物疫情应急条例》实施。

第四十七条 经检疫合格的动物、动物产品应当在规定时间内到达目的地。经检疫合格的动物在运输途中发生疫情，应按有关规定报告并处置。

第九章 罚　　则

第四十八条 违反本办法第十九条、第三十一条规定，跨省、自治区、直

辖市引进用于饲养的非乳用、非种用动物和水产苗种到达目的地后，未向所在地动物卫生监督机构报告的，由动物卫生监督机构处五百元以上二千元以下罚款。

第四十九条　违反本办法第二十条规定，跨省、自治区、直辖市引进的乳用、种用动物到达输入地后，未按规定进行隔离观察的，由动物卫生监督机构责令改正，处二千元以上一万元以下罚款。

第五十条　其他违反本办法规定的行为，依照《动物防疫法》有关规定予以处罚。

第十章　附　　则

第五十一条　动物卫生监督证章标志格式或样式由农业部统一制定。

第五十二条　水产苗种产地检疫，由地方动物卫生监督机构委托同级渔业主管部门实施。水产苗种以外的其他水生动物及其产品不实施检疫。

第五十三条　本办法自 2010 年 3 月 1 日起施行。农业部 2002 年 5 月 24 日发布的《动物检疫管理办法》（农业部令第 14 号）自本办法施行之日起废止。

附录六

动物防疫条件审查办法

（2010年1月21日 农业部第7号令发布，自2010年5月1日起施行）

第一章　总　　则

第一条　为了规范动物防疫条件审查，有效预防控制动物疫病，维护公共卫生安全，根据《中华人民共和国动物防疫法》，制定本办法。

第二条　动物饲养场、养殖小区、动物隔离场所、动物屠宰加工场所以及动物和动物产品无害化处理场所，应当符合本办法规定的动物防疫条件，并取得《动物防疫条件合格证》。

经营动物和动物产品的集贸市场应当符合本办法规定的动物防疫条件。

第三条　农业部主管全国动物防疫条件审查和监督管理工作。

县级以上地方人民政府兽医主管部门主管本行政区域内的动物防疫条件审查和监督管理工作。

县级以上地方人民政府设立的动物卫生监督机构负责本行政区域内的动物防疫条件监督执法工作。

第四条　动物防疫条件审查应当遵循公开、公正、公平、便民的原则。

第二章　饲养场、养殖小区动物防疫条件

第五条　动物饲养场、养殖小区选址应当符合下列条件：

（一）距离生活饮用水源地、动物屠宰加工场所、动物和动物产品集贸市场500米以上；距离种畜禽场1 000米以上；距离动物诊疗场所200米以上；动物饲养场（养殖小区）之间距离不少于500米；

（二）距离动物隔离场所、无害化处理场所3 000米以上；

（三）距离城镇居民区、文化教育科研等人口集中区域及公路、铁路等主要交通干线500米以上。

第六条　动物饲养场、养殖小区布局应当符合下列条件：

（一）场区周围建有围墙；

（二）场区出入口处设置与门同宽，长4米、深0.3米以上的消毒池；

（三）生产区与生活办公区分开，并有隔离设施；

（四）生产区入口处设置更衣消毒室，各养殖栋舍出入口设置消毒池或者消毒垫；

（五）生产区内清洁道、污染道分设；

（六）生产区内各养殖栋舍之间距离在5米以上或者有隔离设施。

禽类饲养场、养殖小区内的孵化间与养殖区之间应当设置隔离设施，并配备种蛋熏蒸消毒设施，孵化间的流程应当单向，不得交叉或者回流。

第七条　动物饲养场、养殖小区应当具有下列设施设备：

（一）场区入口处配置消毒设备；

（二）生产区有良好的采光、通风设施设备；

（三）圈舍地面和墙壁选用适宜材料，以便清洗消毒；

（四）配备疫苗冷冻（冷藏）设备、消毒和诊疗等防疫设备的兽医室，或者有兽医机构为其提供相应服务；

（五）有与生产规模相适应的无害化处理、污水污物处理设施设备；

（六）有相对独立的引入动物隔离舍和患病动物隔离舍。

第八条　动物饲养场、养殖小区应当有与其养殖规模相适应的执业兽医或者乡村兽医。

患有相关人畜共患传染病的人员不得从事动物饲养工作。

第九条　动物饲养场、养殖小区应当按规定建立免疫、用药、检疫申报、疫情报告、消毒、无害化处理、畜禽标识等制度及养殖档案。

第十条　种畜禽场除符合本办法第六条、第七条、第八条、第九条规定外，还应当符合下列条件：

（一）距离生活饮用水源地、动物饲养场、养殖小区和城镇居民区、文化教育科研等人口集中区域及公路、铁路等主要交通干线1 000米以上；

（二）距离动物隔离场所、无害化处理场所、动物屠宰加工场所、动物和动物产品集贸市场、动物诊疗场所3 000米以上；

（三）有必要的防鼠、防鸟、防虫设施或者措施；

（四）有国家规定的动物疫病的净化制度；

（五）根据需要，种畜场还应当设置单独的动物精液、卵、胚胎采集等区域。

第三章 屠宰加工场所动物防疫条件

第十一条 动物屠宰加工场所选址应当符合下列条件：

（一）距离生活饮用水源地、动物饲养场、养殖小区、动物集贸市场500米以上；距离种畜禽场3 000米以上；距离动物诊疗场所200米以上；

（二）距离动物隔离场所、无害化处理场所3 000米以上。

第十二条 动物屠宰加工场所布局应当符合下列条件：

（一）场区周围建有围墙；

（二）运输动物车辆出入口设置与门同宽，长4米、深0.3米以上的消毒池；

（三）生产区与生活办公区分开，并有隔离设施；

（四）入场动物卸载区域有固定的车辆消毒场地，并配有车辆清洗、消毒设备。

（五）动物入场口和动物产品出场口应当分别设置；

（六）屠宰加工间入口设置人员更衣消毒室；

（七）有与屠宰规模相适应的独立检疫室、办公室和休息室；

（八）有待宰圈、患病动物隔离观察圈、急宰间；加工原毛、生皮、绒、骨、角的，还应当设置封闭式熏蒸消毒间。

第十三条 动物屠宰加工场所应当具有下列设施设备：

（一）动物装卸台配备照度不小于300 lx的照明设备；

（二）生产区有良好的采光设备，地面、操作台、墙壁、天棚应当耐腐蚀、不吸潮、易清洗；

（三）屠宰间配备检疫操作台和照度不小于500 lx的照明设备；

（四）有与生产规模相适应的无害化处理、污水污物处理设施设备。

第十四条 动物屠宰加工场所应当建立动物入场和动物产品出场登记、检疫申报、疫情报告、消毒、无害化处理等制度。

第四章 隔离场所动物防疫条件

第十五条 动物隔离场所选址应当符合下列条件：

（一）距离动物饲养场、养殖小区、种畜禽场、动物屠宰加工场所、无害化

处理场所、动物诊疗场所、动物和动物产品集贸市场以及其他动物隔离场所3 000米以上；

（二）距离城镇居民区、文化教育科研等人口集中区域及公路、铁路等主要交通干线、生活饮用水源地500米以上。

第十六条 动物隔离场所布局应当符合下列条件：

（一）场区周围有围墙；

（二）场区出入口处设置与门同宽，长4米、深0.3米以上的消毒池；

（三）饲养区与生活办公区分开，并有隔离设施；

（四）有配备消毒、诊疗和检测等防疫设备的兽医室；

（五）饲养区内清洁道、污染道分设；

（六）饲养区入口设置人员更衣消毒室。

第十七条 动物隔离场所应当具有下列设施设备：

（一）场区出入口处配置消毒设备；

（二）有无害化处理、污水污物处理设施设备。

第十八条 动物隔离场所应当配备与其规模相适应的执业兽医。

患有相关人畜共患传染病的人员不得从事动物饲养工作。

第十九条 动物隔离场所应当建立动物和动物产品进出登记、免疫、用药、消毒、疫情报告、无害化处理等制度。

第五章 无害化处理场所动物防疫条件

第二十条 动物和动物产品无害化处理场所选址应当符合下列条件：

（一）距离动物养殖场、养殖小区、种畜禽场、动物屠宰加工场所、动物隔离场所、动物诊疗场所、动物和动物产品集贸市场、生活饮用水源地3 000米以上；

（二）距离城镇居民区、文化教育科研等人口集中区域及公路、铁路等主要交通干线500米以上。

第二十一条 动物和动物产品无害化处理场所布局应当符合下列条件：

（一）场区周围建有围墙；

（二）场区出入口处设置与门同宽，长4米、深0.3米以上的消毒池，并设有单独的人员消毒通道；

（三）无害化处理区与生活办公区分开，并有隔离设施；

（四）无害化处理区内设置染疫动物扑杀间、无害化处理间、冷库等；

（五）动物扑杀间、无害化处理间入口处设置人员更衣室，出口处设置消毒室。

第二十二条 动物和动物产品无害化处理场所应当具有下列设施设备：

（一）配置机动消毒设备；

（二）动物扑杀间、无害化处理间等配备相应规模的无害化处理、污水污物处理设施设备；

（三）有运输动物和动物产品的专用密闭车辆。

第二十三条 动物和动物产品无害化处理场所应当建立病害动物和动物产品入场登记、消毒、无害化处理后的物品流向登记、人员防护等制度。

第六章 集贸市场动物防疫条件

第二十四条 专门经营动物的集贸市场应当符合下列条件：

（一）距离文化教育科研等人口集中区域、生活饮用水源地、动物饲养场和养殖小区、动物屠宰加工场所 500 米以上，距离种畜禽场、动物隔离场所、无害化处理场所 3 000 米以上，距离动物诊疗场所 200 米以上；

（二）市场周围有围墙，场区出入口处设置与门同宽，长 4 米、深 0.3 米以上的消毒池；

（三）场内设管理区、交易区、废弃物处理区，各区相对独立；

（四）交易区内不同种类动物交易场所相对独立；

（五）有清洗、消毒和污水污物处理设施设备；

（六）有定期休市和消毒制度；

（七）有专门的兽医工作室。

第二十五条 兼营动物和动物产品的集贸市场应当符合下列动物防疫条件：

（一）距离动物饲养场和养殖小区 500 米以上，距离种畜禽场、动物隔离场所、无害化处理场所 3 000 米以上，距离动物诊疗场所 200 米以上；

（二）动物和动物产品交易区与市场其他区域相对隔离；

（三）动物交易区与动物产品交易区相对隔离；

（四）不同种类动物交易区相对隔离；

（五）交易区地面、墙面（裙）和台面防水、易清洗；

（六）有消毒制度。

活禽交易市场除符合前款规定条件外，市场内的水禽与其他家禽还应当分开，宰杀间与活禽存放间应当隔离，宰杀间与出售场地应当分开，并有定期休市制度。

第七章　审查发证

第二十六条　兴办动物饲养场、养殖小区、动物屠宰加工场所、动物隔离场所、动物和动物产品无害化处理场所，应当按照本办法规定进行选址、工程设计和施工。

第二十七条　本办法第二条第一款规定场所建设竣工后，应当向所在地县级地方人民政府兽医主管部门提出申请，并提交以下材料：

（一）《动物防疫条件审查申请表》；

（二）场所地理位置图、各功能区布局平面图；

（三）设施设备清单；

（四）管理制度文本；

（五）人员情况。

申请材料不齐全或者不符合规定条件的，县级地方人民政府兽医主管部门应当自收到申请材料之日起 5 个工作日内，一次告知申请人需补正的内容。

第二十八条　兴办动物饲养场、养殖小区和动物屠宰加工场所的，县级地方人民政府兽医主管部门应当自收到申请之日起 20 个工作日内完成材料和现场审查，审查合格的，颁发《动物防疫条件合格证》；审查不合格的，应当书面通知申请人，并说明理由。

第二十九条　兴办动物隔离场所、动物和动物产品无害化处理场所的，县级地方人民政府兽医主管部门应当自收到申请之日起 5 个工作日内完成材料初审，并将初审意见和有关材料报省、自治区、直辖市人民政府兽医主管部门。省、自治区、直辖市人民政府兽医主管部门自收到初审意见和有关材料之日起 15 个工作日内完成材料和现场审查，审查合格的，颁发《动物防疫条件合格证》;审查不合格的,应当书面通知申请人,并说明理由。

第八章 监督管理

第三十条 动物卫生监督机构依照《中华人民共和国动物防疫法》和有关法律、法规的规定,对动物饲养场、养殖小区、动物隔离场所、动物屠宰加工场所、动物和动物产品无害化处理场所、动物和动物产品集贸市场的动物防疫条件实施监督检查,有关单位和个人应当予以配合,不得拒绝和阻碍。

第三十一条 本办法第二条第一款所列场所在取得《动物防疫条件合格证》后,变更场址或者经营范围的,应当重新申请办理《动物防疫条件合格证》,同时交回原《动物防疫条件合格证》,由原发证机关予以注销。

变更布局、设施设备和制度,可能引起动物防疫条件发生变化的,应当提前 30 日向原发证机关报告。发证机关应当在 20 日内完成审查,并将审查结果通知申请人。

变更单位名称或者其负责人的,应当在变更后 15 日内持有效证明申请变更《动物防疫条件合格证》。

第三十二条 本办法第二条第一款所列场所停业的,应当于停业后 30 日内将《动物防疫条件合格证》交回原发证机关注销。

第三十三条 本办法第二条所列场所,应当在每年 1 月底前将上一年的动物防疫条件情况和防疫制度执行情况向发证机关报告。

第三十四条 禁止转让、伪造或者变造《动物防疫条件合格证》。

第三十五条 《动物防疫条件合格证》丢失或者损毁的,应当在 15 日内向发证机关申请补发。

第九章 罚 则

第三十六条 违反本办法第三十一条第一款规定,变更场所地址或者经营范围,未按规定重新申请《动物防疫条件合格证》的,按照《中华人民共和国动物防疫法》第七十七条规定予以处罚。

违反本办法第三十一条第二款规定,未经审查擅自变更布局、设施设备和制度的,由动物卫生监督机构给予警告。对不符合动物防疫条件的,由动物卫生监督机构责令改正;拒不改正或者整改后仍不合格的,由发证机关收回并注销《动物防疫条件合格证》。

第三十七条　违反本办法第二十四条和第二十五条规定，经营动物和动物产品的集贸市场不符合动物防疫条件的，由动物卫生监督机构责令改正；拒不改正的，由动物卫生监督机构处五千元以上两万元以下的罚款，并通报同级工商行政管理部门依法处理。

第三十八条　违反本办法第三十四条规定，转让、伪造或者变造《动物防疫条件合格证》的，由动物卫生监督机构收缴《动物防疫条件合格证》，处两千元以上一万元以下的罚款。

使用转让、伪造或者变造《动物防疫条件合格证》的，由动物卫生监督机构按照《中华人民共和国动物防疫法》第七十七条规定予以处罚。

第三十九条　违反本办法规定，构成犯罪或者违反治安管理规定的，依法移送公安机关处理。

第十章　附　则

第四十条　本办法所称动物饲养场、养殖小区是指《中华人民共和国畜牧法》第三十九条规定的畜禽养殖场、养殖小区。

饲养场、养殖小区内自用的隔离舍和屠宰加工场所内自用的患病动物隔离观察圈，饲养场、养殖小区、屠宰加工场所和动物隔离场内设置的自用无害化处理场所，不再另行办理《动物防疫条件合格证》。

第四十一条　本办法自2010年5月1日起施行。农业部2002年5月24日发布的《动物防疫条件审核管理办法》(农业部令第15号)同时废止。

本办法施行前已发放的《动物防疫条件合格证》在有效期内继续有效，有效期不满1年的，可沿用到2011年5月1日止。本办法施行前未取得《动物防疫合格证》的各类场所，应当在2011年5月1日前达到本办法规定的条件，取得《动物防疫条件合格证》。

附录七

乳用动物健康标准

（2008年12月30日 农业部第1137号公告发布，自发布之日起施行）

为了提高乳用动物健康水平，保证生鲜乳质量，维护公共卫生安全，依据《中华人民共和国动物防疫法》、《乳品质量安全监督管理条例》等法律法规，特制定本标准。

1 适用范围

本标准规定了乳用动物健康的标准和检查方法。

本标准适用于中华人民共和国境内任何单位和个人所饲养的乳用动物。

2 定义

本标准所指乳用动物是指用于生产供人类食用或加工用生鲜乳的奶牛、奶山羊等动物。

3 奶牛健康标准

3.1 饲养场（养殖小区）符合农业部规定的动物防疫条件，并取得县级以上地方人民政府兽医主管部门颁发的《动物防疫条件合格证》；

3.2 按国家规定开展重大疫病强制免疫工作，免疫抗体合格率达到国家规定要求，免疫档案齐全；

3.3 饲养场（养殖小区）引进奶牛必须严格执行检疫和隔离观察制度；

3.4 开展定期消毒、灭鼠杀虫；

3.5 按国家规定加施畜禽标志，养殖档案齐全；

3.6 未发生口蹄疫、布鲁氏菌病、结核病、炭疽、牛瘟、牛肺疫和牛海绵状脑病等动物疫病；

3.7 临床健康；

3.8 按照国家动物疫病监测计划对口蹄疫、牛瘟、牛肺疫、布鲁氏菌病、结核病、炭疽进行监测，监测结果符合规定要求；

3.9 经农业部批准进行布鲁氏菌病免疫的，免疫抗体检测合格；不进行布鲁氏菌病免疫的，血清学检测结果应为阴性；结核病经变态反应检测为阴性。

4 奶山羊健康标准

4.1 饲养场（养殖小区）符合农业部规定的动物防疫条件，并取得县级以上地方人民政府兽医主管部门颁发的《动物防疫条件合格证》；

4.2 按国家规定开展重大疫病强制免疫工作，免疫抗体合格率达到国家规定要求，免疫档案齐全；

4.3 饲养场（养殖小区）引进奶山羊必须严格执行检疫和隔离观察制度；

4.4 开展定期消毒、灭鼠杀虫；

4.5 按国家规定加施畜禽标识，养殖档案齐全；

4.6 未发生口蹄疫、布鲁氏菌病、山羊痘和小反刍兽疫等动物疫病；

4.7 临床健康；

4.8 按照国家动物疫病监测计划对口蹄疫、山羊痘、小反刍兽疫进行监测，监测结果符合规定要求；

4.9 进行布鲁氏菌病免疫的，免疫抗体检测合格；不进行布鲁氏菌病免疫的，血清学检测结果应为阴性。

5 检测频率

当地动物疫病预防控制机构每年至少检测一次。

6 检测数量

6.1 奶牛、奶山羊布鲁氏菌病、结核病检测比例为100%；

6.2 按国家动物疫病监测计划对口蹄疫、牛瘟、牛肺疫、牛海绵状脑病、山羊痘、小反刍兽疫等进行监测。

7 检测方法

7.1 口蹄疫

按 GB/T 18935—2003 和《口蹄疫防治技术规范》执行。

7.2 布鲁氏菌病

按 GB/T 18646—2002 和《布鲁氏菌病防治技术规范》执行。

7.3 结核病

按 GB/T 18645—2002 执行。

7.4 炭疽

按 NY/T 561—2002 执行。

7.5 牛瘟

按 NY/T 906—2004 执行。

7.6 牛肺疫

按 GB/T 18649—2002 执行。

7.7 牛海绵状脑病

按 GB/T 19180—2003 执行。

7.8 山羊痘

按 NY/T 576—2002 执行。

7.9 小反刍兽疫

按《小反刍兽疫防治技术规范》执行。

附录八

一、二、三类动物疫病病种名录

中华人民共和国农业部公告

第 1125 号

为贯彻执行《中华人民共和国动物防疫法》，我部对原《一、二、三类动物疫病病种名录》进行了修订，现予发布，自发布之日起施行。1999 年发布的农业部第 96 号公告同时废止。

特此公告

二〇〇八年十二月十一日

附件：一、二、三类动物疫病病种名录

一类动物疫病(17 种)。口蹄疫、猪水泡病、猪瘟、非洲猪瘟、高致病性猪蓝耳病、非洲马瘟、牛瘟、牛传染性胸膜肺炎、牛海绵状脑病、痒病、蓝舌病、小反刍兽疫、绵羊痘和山羊痘、高致病性禽流感、新城疫、鲤春病毒血症、白斑综合征。

二类动物疫病(77 种)。多种动物共患病(9 种)：狂犬病、布鲁氏菌病、炭疽、伪狂犬病、魏氏梭菌病、副结核病、弓形虫病、棘球蚴病、钩端螺旋体病。

牛病(8 种)：牛结核病、牛传染性鼻气管炎、牛恶性卡他热、牛白血病、牛出血性败血病、牛梨形虫病(牛焦虫病)、牛锥虫病、日本血吸虫病；

绵羊和山羊病(2 种)：山羊关节炎脑炎、梅迪-维斯纳病；

猪病(12 种)：猪繁殖与呼吸综合征(经典猪蓝耳病)、猪乙型脑炎、猪细小病毒病、猪丹毒、猪肺疫、猪链球菌病、猪传染性萎缩性鼻炎、猪支原体肺炎、旋毛虫病、猪囊尾蚴病、猪圆环病毒病、副猪嗜血杆菌病；

马病(5 种)：马传染性贫血、马流行性淋巴管炎、马鼻疽、马巴贝斯虫病、伊氏锥虫病；

禽病(18 种)：鸡传染性喉气管炎、鸡传染性支气管炎、传染性法氏囊病、马立克氏病、产蛋下降综合征、禽白血病、禽痘、鸭瘟、鸭病毒性肝炎、鸭浆膜炎、小鹅瘟、禽霍乱、鸡白痢、禽伤寒、鸡败血支原体感染、鸡球虫病、低致病性禽流感、禽网状内皮组织增殖症；

兔病(4 种)：兔病毒性出血病、兔粘液瘤病、野兔热、兔球虫病；

蜜蜂病(2 种)：美洲幼虫腐臭病、欧洲幼虫腐臭病；

鱼类病(11 种)：草鱼出血病、传染性脾肾坏死病、锦鲤疱疹病毒病、刺激隐核虫病、淡水鱼细菌性败血症、病毒性神经坏死病、流行性造血器官坏死病、斑点叉尾鮰病毒病、传染性造血器官坏死病、病毒性出血性败血症、流行性溃疡综合征；

甲壳类病(6 种)：桃拉综合征、黄头病、罗氏沼虾白尾病、对虾杆状病毒病、传染性皮下和造血器官坏死病、传染性肌肉坏死病。

三类动物疫病(63 种)。多种动物共患病(8 种)：大肠杆菌病、李氏杆菌病、类鼻疽、放线菌病、肝片吸虫病、丝虫病、附红细胞体病、Q 热。

牛病(5 种)：牛流行热、牛病毒性腹泻/粘膜病、牛生殖器弯曲杆菌病、毛滴虫病、牛皮蝇蛆病；

绵羊和山羊病(6 种)：肺腺瘤病、传染性脓疱、羊肠毒血症、干酪性淋巴结炎、绵羊疥癣，绵羊地方性流产；

马病(5 种)：马流行性感冒、马腺疫、马鼻腔肺炎、溃疡性淋巴管炎、马媾疫；

猪病(4 种)：猪传染性胃肠炎、猪流行性感冒、猪副伤寒、猪密螺旋体痢疾；

禽病(4 种)：鸡病毒性关节炎、禽传染性脑脊髓炎、传染性鼻炎、禽结核病；

蚕、蜂病(7 种)：蚕型多角体病、蚕白僵病、蜂螨病、瓦螨病、亮热厉螨病、蜜蜂孢子虫病、白垩病；

犬、猫等动物病(7 种)：水貂阿留申病、水貂病毒性肠炎、犬瘟热、犬细小病毒病、犬传染性肝炎、猫泛白细胞减少症、利什曼病；

鱼类病(7 种)：鮰类肠败血症、迟缓爱德华氏菌病、小瓜虫病、黏孢子虫病、三代虫病、指环虫病、链球菌病；

甲壳类病(2 种)：河蟹颤抖病、斑节对虾杆状病毒病；

贝类病(6 种)：鲍脓疱病、鲍立克次体病、鲍病毒性死亡病、包纳米虫病、折光马尔太虫病、奥尔森派琴虫病；

两栖与爬行类病(2 种)：鳖腮腺炎病、蛙脑膜炎败血金黄杆菌病。

附录九

兽药停药期规定

（2003 年 5 月 22 日 农业部公告 第 278 号发布，自发布之日起执行。以前发布过的与本公告同品种兽药停药期不一致的，以本公告为准。）

序号	兽药名称	执行标准	停药期
1	乙酰甲喹片	兽药规范 92 版	牛、猪 35 日
2	二氢吡啶	部颁标准	牛、肉鸡 7 日，弃奶期 7 日
3	二硝托胺预混剂	兽药典 2000 版	鸡 3 日，产蛋期禁用
4	土霉素片	兽药典 2000 版	牛、羊、猪 7 日，禽 5 日，弃蛋期 2 日，弃奶期 3 日
5	土霉素注射液	部颁标准	牛、羊、猪 28 日，弃奶期 7 日
6	马杜霉素预混剂	部颁标准	鸡 5 日，产蛋期禁用
7	双甲脒溶液	兽药典 2000 版	牛、羊 21 日，猪 8 日，弃奶期 48 小时，禁用于产奶羊
8	巴胺磷溶液	部颁标准	羊 14 日
9	水杨酸钠注射液	兽药规范 1965 版	牛 0 日，弃奶期 48 小时
10	四环素片	兽药典 1990 版	牛 12 日、猪 10 日、鸡 4 日，产蛋期禁用，产奶期禁用
11	甲砜霉素片	部颁标准	28 日，弃奶期 7 日
12	甲砜霉素散	部颁标准	28 日，弃奶期 7 日，鱼 500 度日
13	甲基前列腺素 F_{2a} 注射液	部颁标准	牛 1 日，猪 1 日，羊 1 日
14	甲硝唑片	兽药典 2000 版	牛 28 日
15	甲磺酸达氟沙星注射液	部颁标准	猪 25 日
16	甲磺酸达氟沙星粉	部颁标准	鸡 5 日，产蛋鸡禁用

续表

序号	兽药名称	执行标准	停药期
17	甲磺酸达氟沙星溶液	部颁标准	鸡5日,产蛋期禁用
18	甲磺酸培氟沙星可溶性粉	部颁标准	28日,产蛋期禁用
19	甲磺酸培氟沙星注射液	部颁标准	28日,产蛋期禁用
20	甲磺酸培氟沙星颗粒	部颁标准	28日,产蛋期禁用
21	亚硒酸钠维生素E注射液	兽药典2000版	牛、羊、猪28日
22	亚硒酸钠维生素E预混剂	兽药典2000版	牛、羊、猪28日
23	亚硫酸氢钠甲萘醌注射液	兽药典2000版	0日
24	伊维菌素注射液	兽药典2000版	牛、羊35日,猪28日,泌乳期禁用
25	吉他霉素片	兽药典2000版	猪、鸡7日,产蛋期禁用
26	吉他霉素预混剂	部颁标准	猪、鸡7日,产蛋期禁用
27	地西泮注射液	兽药典2000版	28日
28	地克珠利预混剂	部颁标准	鸡5日,产蛋期禁用
29	地克珠利溶液	部颁标准	鸡5日,产蛋期禁用
30	地美硝唑预混剂	兽药典2000版	猪、鸡28日,产蛋期禁用
31	地塞米松磷酸钠注射液	兽药典2000版	牛、羊、猪21日,弃奶期3日
32	安乃近片	兽药典2000版	牛、羊、猪28日,弃奶期7日
33	安乃近注射液	兽药典2000版	牛、羊、猪28日,弃奶期7日
34	安钠咖注射液	兽药典2000版	牛、羊、猪28日,弃奶期7日
35	那西肽预混剂	部颁标准	鸡7日,产蛋期禁用
36	吡喹酮片	兽药典2000版	28日,弃奶期7日
37	芬苯哒唑片	兽药典2000版	牛、羊21日,猪3日,弃奶期7日

续表

序号	兽药名称	执行标准	停药期
38	芬苯哒唑粉(苯硫苯咪唑粉剂)	兽药典 2000 版	牛、羊 14 日,猪 3 日,弃奶期 5 日
39	苄星邻氯青霉素注射液	部颁标准	牛 28 日,产犊后 4 天禁用,泌乳期禁用
40	阿司匹林片	兽药典 2000 版	0 日
41	阿苯达唑片	兽药典 2000 版	牛 14 日,羊 4 日,猪 7 日,禽 4 日,弃奶期 60 小时
42	阿莫西林可溶性粉	部颁标准	鸡 7 日,产蛋期禁用
43	阿维菌素片	部颁标准	羊 35 日,猪 28 日,泌乳期禁用
44	阿维菌素注射液	部颁标准	羊 35 日,猪 28 日,泌乳期禁用
45	阿维菌素粉	部颁标准	羊 35 日,猪 28 日,泌乳期禁用
46	阿维菌素胶囊	部颁标准	羊 35 日,猪 28 日,泌乳期禁用
47	阿维菌素透皮溶液	部颁标准	牛、猪 42 日,泌乳期禁用
48	乳酸环丙沙星可溶性粉	部颁标准	禽 8 日,产蛋鸡禁用
49	乳酸环丙沙星注射液	部颁标准	牛 14 日,猪 10 日,禽 28 日,弃奶期 84 小时
50	乳酸诺氟沙星可溶性粉	部颁标准	禽 8 日,产蛋鸡禁用
51	注射用三氮脒	兽药典 2000 版	28 日,弃奶期 7 日
52	注射用苄星青霉素(注射用苄星青霉素 G)	兽药规范 1978 版	牛、羊 4 日,猪 5 日,弃奶期 3 日
53	注射用乳糖酸红霉素	兽药典 2000 版	牛 14 日,羊 3 日,猪 7 日,弃奶期 3 日
54	注射用苯巴比妥钠	兽药典 2000 版	28 日,弃奶期 7 日
55	注射用苯唑西林钠	兽药典 2000 版	牛、羊 14 日,猪 5 日,弃奶期 3 日
56	注射用青霉素钠	兽药典 2000 版	0 日,弃奶期 3 日
57	注射用青霉素钾	兽药典 2000 版	0 日,弃奶期 3 日

续表

序号	兽药名称	执行标准	停药期
58	注射用氨苄青霉素钠	兽药典 2000 版	牛 6 日，猪 15 日，弃奶期 48 小时
59	注射用盐酸土霉素	兽药典 2000 版	牛、羊、猪 8 日，弃奶期 48 小时
60	注射用盐酸四环素	兽药典 2000 版	牛、羊、猪 8 日，弃奶期 48 小时
61	注射用酒石酸泰乐菌素	部颁标准	牛 28 日，猪 21 日，弃奶期 96 小时
62	注射用喹嘧胺	兽药典 2000 版	28 日，弃奶期 7 日
63	注射用氯唑西林钠	兽药典 2000 版	牛 10 日，弃奶期 2 日
64	注射用硫酸双氢链霉素	兽药典 1990 版	牛、羊、猪 18 日，弃奶期 72 小时
65	注射用硫酸卡那霉素	兽药典 2000 版	28 日，弃奶期 7 日
66	注射用硫酸链霉素	兽药典 2000 版	牛、羊、猪 18 日，弃奶期 72 小时
67	环丙氨嗪预混剂(1%)	部颁标准	鸡 3 日
68	苯丙酸诺龙注射液	兽药典 2000 版	28 日，弃奶期 7 日
69	苯甲酸雌二醇注射液	兽药典 2000 版	28 日，弃奶期 7 日
70	复方水杨酸钠注射液	兽药规范 1978 版	28 日，弃奶期 7 日
71	复方甲苯咪唑粉	部颁标准	鳗 150 度日
72	复方阿莫西林粉	部颁标准	鸡 7 日，产蛋期禁用
73	复方氨苄西林片	部颁标准	鸡 7 日，产蛋期禁用
74	复方氨苄西林粉	部颁标准	鸡 7 日，产蛋期禁用
75	复方氨基比林注射液	兽药典 2000 版	28 日，弃奶期 7 日
76	复方磺胺对甲氧嘧啶片	兽药典 2000 版	28 日，弃奶期 7 日
77	复方磺胺对甲氧嘧啶钠注射液	兽药典 2000 版	28 日，弃奶期 7 日
78	复方磺胺甲噁唑片	兽药典 2000 版	28 日，弃奶期 7 日

续表

序号	兽药名称	执行标准	停药期
79	复方磺胺氯哒嗪钠粉	部颁标准	猪4日,鸡2日,产蛋期禁用
80	复方磺胺嘧啶钠注射液	兽药典2000版	牛、羊12日,猪20日,弃奶期48小时
81	枸橼酸乙胺嗪片	兽药典2000版	28日,弃奶期7日
82	枸橼酸哌嗪片	兽药典2000版	牛、羊28日,猪21日,禽14日
83	氟苯尼考注射液	部颁标准	猪14日,鸡28日,鱼375度日
84	氟苯尼考粉	部颁标准	猪20日,鸡5日,鱼375度日
85	氟苯尼考溶液	部颁标准	鸡5日,产蛋期禁用
86	氟胺氰菊酯条	部颁标准	流蜜期禁用
87	氢化可的松注射液	兽药典2000版	0日
88	氢溴酸东莨菪碱注射液	兽药典2000版	28日,弃奶期7日
89	洛克沙胂预混剂	部颁标准	5日,产蛋期禁用
90	恩诺沙星片	兽药典2000版	鸡8日,产蛋鸡禁用
91	恩诺沙星可溶性粉	部颁标准	鸡8日,产蛋鸡禁用
92	恩诺沙星注射液	兽药典2000版	牛、羊14日,猪10日,兔14日
93	恩诺沙星溶液	兽药典2000版	禽8日,产蛋鸡禁用
94	氧阿苯达唑片	部颁标准	羊4日
95	氧氟沙星片	部颁标准	28日,产蛋鸡禁用
96	氧氟沙星可溶性粉	部颁标准	28日,产蛋鸡禁用
97	氧氟沙星注射液	部颁标准	28日,弃奶期7日,产蛋鸡禁用
98	氧氟沙星溶液(碱性)	部颁标准	28日,产蛋鸡禁用
99	氧氟沙星溶液(酸性)	部颁标准	28日,产蛋鸡禁用
100	氨苯胂酸预混剂	部颁标准	5日,产蛋鸡禁用
101	氨茶碱注射液	兽药典2000版	28日,弃奶期7日

续表

序号	兽药名称	执行标准	停药期
102	海南霉素钠预混剂	部颁标准	鸡7日,产蛋期禁用
103	烟酸诺氟沙星可溶性粉	部颁标准	28日,产蛋鸡禁用
104	烟酸诺氟沙星注射液	部颁标准	28日
105	烟酸诺氟沙星溶液	部颁标准	28日,产蛋鸡禁用
106	盐酸二氟沙星片	部颁标准	鸡1日
107	盐酸二氟沙星注射液	部颁标准	猪45日
108	盐酸二氟沙星粉	部颁标准	鸡1日
109	盐酸二氟沙星溶液	部颁标准	鸡1日
110	盐酸大观霉素可溶性粉	兽药典2000版	鸡5日,产蛋期禁用
111	盐酸左旋咪唑	兽药典2000版	牛2日,羊3日,猪3日,禽28日,泌乳期禁用
112	盐酸左旋咪唑注射液	兽药典2000版	牛14日,羊28日,猪28日,泌乳期禁用
113	盐酸多西环素片	兽药典2000版	28日
114	盐酸异丙嗪片	兽药典2000版	28日
115	盐酸异丙嗪注射液	兽药典2000版	28日,弃奶期7日
116	盐酸沙拉沙星可溶性粉	部颁标准	鸡0日,产蛋期禁用
117	盐酸沙拉沙星注射液	部颁标准	猪0日,鸡0日,产蛋期禁用
118	盐酸沙拉沙星溶液	部颁标准	鸡0日,产蛋期禁用
119	盐酸沙拉沙星片	部颁标准	鸡0日,产蛋期禁用
120	盐酸林可霉素片	兽药典2000版	猪6日
121	盐酸林可霉素注射液	兽药典2000版	猪2日
122	盐酸环丙沙星、盐酸小檗碱预混剂	部颁标准	500度日

续表

序号	兽药名称	执行标准	停药期
123	盐酸环丙沙星可溶性粉	部颁标准	28日,产蛋鸡禁用
124	盐酸环丙沙星注射液	部颁标准	28日,产蛋鸡禁用
125	盐酸苯海拉明注射液	兽药典2000版	28日,弃奶期7日
126	盐酸洛美沙星片	部颁标准	28日,弃奶期7日,产蛋鸡禁用
127	盐酸洛美沙星可溶性粉	部颁标准	28日,产蛋鸡禁用
128	盐酸洛美沙星注射液	部颁标准	28日,弃奶期7日
129	盐酸氨丙啉、乙氧酰胺苯甲酯、磺胺喹恶啉预混剂	兽药典2000版	鸡10日,产蛋鸡禁用
130	盐酸氨丙啉、乙氧酰胺苯甲酯预混剂	兽药典2000版	鸡3日,产蛋期禁用
131	盐酸氯丙嗪片	兽药典2000版	28日,弃奶期7日
132	盐酸氯丙嗪注射液	兽药典2000版	28日,弃奶期7日
133	盐酸氯苯胍片	兽药典2000版	鸡5日,兔7日,产蛋期禁用
134	盐酸氯苯胍预混剂	兽药典2000版	鸡5日,兔7日,产蛋期禁用
135	盐酸氯胺酮注射液	兽药典2000版	28日,弃奶期7日
136	盐酸赛拉唑注射液	兽药典2000版	28日,弃奶期7日
137	盐酸赛拉嗪注射液	兽药典2000版	牛、羊14日,鹿15日
138	盐霉素钠预混剂	兽药典2000版	鸡5日,产蛋期禁用
139	诺氟沙星、盐酸小檗碱预混剂	部颁标准	500度日
140	酒石酸吉他霉素可溶性粉	兽药典2000版	鸡7日,产蛋期禁用
141	酒石酸泰乐菌素可溶性粉	兽药典2000版	鸡1日,产蛋期禁用
142	维生素 B_{12} 注射液	兽药典2000版	0日

续表

序号	兽药名称	执行标准	停药期
143	维生素 B_1 片	兽药典 2000 版	0 日
144	维生素 B_1 注射液	兽药典 2000 版	0 日
145	维生素 B_2 片	兽药典 2000 版	0 日
146	维生素 B_2 注射液	兽药典 2000 版	0 日
147	维生素 B_6 片	兽药典 2000 版	0 日
148	维生素 B_6 注射液	兽药典 2000 版	0 日
149	维生素 C 片	兽药典 2000 版	0 日
150	维生素 C 注射液	兽药典 2000 版	0 日
151	维生素 C 磷酸酯镁、盐酸环丙沙星预混剂	部颁标准	500 度日
152	维生素 D_3 注射液	兽药典 2000 版	28 日,弃奶期 7 日
153	维生素 E 注射液	兽药典 2000 版	牛、羊、猪 28 日
154	维生素 K_1 注射液	兽药典 2000 版	0 日
155	喹乙醇预混剂	兽药典 2000 版	猪 35 日,禁用于禽、鱼、35 kg 以上的猪
156	奥芬达唑片(苯亚砜哒唑)	兽药典 2000 版	牛、羊、猪 7 日,产奶期禁用
157	普鲁卡因青霉素注射液	兽药典 2000 版	牛 10 日,羊 9 日,猪 7 日,弃奶期 48 小时
158	氯羟吡啶预混剂	兽药典 2000 版	鸡 5 日,兔 5 日,产蛋期禁用
159	氯氰碘柳胺钠注射液	部颁标准	28 日,弃奶期 28 日
160	氯硝柳胺片	兽药典 2000 版	牛、羊 28 日
161	氰戊菊酯溶液	部颁标准	28 日
162	硝氯酚片	兽药典 2000 版	28 日
163	硝碘酚腈注射液(克虫清)	部颁标准	羊 30 日,弃奶期 5 日

续表

序号	兽药名称	执行标准	停药期
164	硫氰酸红霉素可溶性粉	兽药典 2000 版	鸡 3 日,产蛋期禁用
165	硫酸卡那霉素注射液(单硫酸盐)	兽药典 2000 版	28 日
166	硫酸安普霉素可溶性粉	部颁标准	猪 21 日,鸡 7 日,产蛋期禁用
167	硫酸安普霉素预混剂	部颁标准	猪 21 日
168	硫酸庆大—小诺霉素注射液	部颁标准	猪、鸡 40 日
169	硫酸庆大霉素注射液	兽药典 2000 版	猪 40 日
170	硫酸黏菌素可溶性粉	部颁标准	7 日,产蛋期禁用
171	硫酸黏菌素预混剂	部颁标准	7 日,产蛋期禁用
172	硫酸新霉素可溶性粉	兽药典 2000 版	鸡 5 日,火鸡 14 日,产蛋期禁用
173	越霉素 A 预混剂	部颁标准	猪 15 日,鸡 3 日,产蛋期禁用
174	碘硝酚注射液	部颁标准	羊 90 日,弃奶期 90 日
175	碘醚柳胺混悬液	兽药典 2000 版	牛、羊 60 日,泌乳期禁用
176	精制马拉硫磷溶液	部颁标准	28 日
177	精制敌百虫片	兽药规范 1992 版	28 日
178	蝇毒磷溶液	部颁标准	28 日
179	醋酸地塞米松片	兽药典 2000 版	马、牛 0 日
180	醋酸泼尼松片	兽药典 2000 版	0 日
181	醋酸氟孕酮阴道海绵	部颁标准	羊 30 日,泌乳期禁用
182	醋酸氢化可的松注射液	兽药典 2000 版	0 日
183	磺胺二甲嘧啶片	兽药典 2000 版	牛 10 日,猪 15 日,禽 10 日

续表

序号	兽药名称	执行标准	停药期
184	磺胺二甲嘧啶钠注射液	兽药典 2000 版	28 日
185	磺胺对甲氧嘧啶，二甲氧苄氨嘧啶片	兽药规范 1992 版	28 日
186	磺胺对甲氧嘧啶、二甲氧苄氨嘧啶预混剂	兽药典 1990 版	28 日，产蛋期禁用
187	磺胺对甲氧嘧啶片	兽药典 2000 版	28 日
188	磺胺甲噁唑片	兽药典 2000 版	28 日
189	磺胺间甲氧嘧啶片	兽药典 2000 版	28 日
190	磺胺间甲氧嘧啶钠注射液	兽药典 2000 版	28 日
191	磺胺脒片	兽药典 2000 版	28 日
192	磺胺喹噁啉、二甲氧苄氨嘧啶预混剂	兽药典 2000 版	鸡 10 日，产蛋期禁用
193	磺胺喹噁啉钠可溶性粉	兽药典 2000 版	鸡 10 日，产蛋期禁用
194	磺胺氯吡嗪钠可溶性粉	部颁标准	火鸡 4 日、肉鸡 1 日，产蛋期禁用
195	磺胺嘧啶片	兽药典 2000 版	牛 28 日
196	磺胺嘧啶钠注射液	兽药典 2000 版	牛 10 日，羊 18 日，猪 10 日，弃奶期 3 日
197	磺胺噻唑片	兽药典 2000 版	28 日
198	磺胺噻唑钠注射液	兽药典 2000 版	28 日
199	磷酸左旋咪唑片	兽药典 1990 版	牛 2 日，羊 3 日，猪 3 日，禽 28 日，泌乳期禁用
200	磷酸左旋咪唑注射液	兽药典 1990 版	牛 14 日，羊 28 日，猪 28 日，泌乳期禁用
201	磷酸哌嗪片（驱蛔灵片）	兽药典 2000 版	牛、羊 28 日、猪 21 日，禽 14 日
202	磷酸泰乐菌素预混剂	部颁标准	鸡、猪 5 日